职业技能等级证书配套教材

“注塑模具模流分析及工艺调试”
职业技能等级证书

注塑模具模流分析及工艺调试（初级）

李瑞友　张　磊　主编

青岛海尔模具有限公司　青岛海享学人力资源有限公司　组织编写

化学工业出版社
·北京·

内容简介

本书按照《1+X注塑模具模流分析及工艺调试职业技能等级标准（初级）》编写，遵循专业与产业、职业岗位对接，课程内容与职业标准对接，教学过程与生产过程对接，学历证书与职业资格证书对接、职业教育与终身学习对接的编写原则。主要内容包括材料基本性能及成型工艺分析、配料和混料、典型两板模结构的拆卸和组装、模具的拆装与保养、注塑机及辅助设备操作、模具安装及调试、注塑机工艺参数的设定调试等。

本书为1+X“注塑模具模流分析及工艺调试”职业技能等级证书标准培训教材，也可作为中等职业院校、高等职业院校以及应用型本科院校相关专业的教材，还可作为企业员工培训用书。

图书在版编目（CIP）数据

注塑模具模流分析及工艺调试：初级/李瑞友，张磊主编；青岛海尔模具有限公司，青岛海享学人力资源有限公司组织编写. —北京：化学工业出版社，2022.11
1+X职业技能等级证书配套教材
ISBN 978-7-122-42189-0

Ⅰ.①注… Ⅱ.①李… ②张… ③青… ④青… Ⅲ.①注塑-塑料模具-计算机辅助设计-应用软件-职业技能-鉴定-教材 Ⅳ.①TQ320.66-39

中国版本图书馆CIP数据核字（2022）第174256号

责任编辑：潘新文　　装帧设计：张　辉
责任校对：宋　夏

出版发行：化学工业出版社（北京市东城区青年湖南街13号　邮政编码100011）
印　　装：大厂聚鑫印刷有限责任公司
710mm×1000mm　1/16　印张10　字数114千字　2022年11月北京第1版第1次印刷

购书咨询：010-64518888　　售后服务：010-64518899
网　　址：http://www.cip.com.cn
凡购买本书，如有缺损质量问题，本社销售中心负责调换。

定　　价：39.00元

1+X职业技能等级证书“注塑模具模流分析及工艺调试”系列编委会

序 1

模具被誉为“现代工业之母”，是材料成型的专用工艺装备，模具工业是产品制造业的基础，具有制品高精度、高复杂度、高一致性的技术特点，同时具有加工效率高、材料利用率高、生产成本低的经济性优势。普通消费者虽然平时感受不到模具的存在，但利用模具生产制造的产品却在人们的生活中随处可见，包括汽车、家电、电子、日用品等在内的大多数产品的零部件是通过模具成型，在航空航天、军工、医疗、新能源等制造领域，模具也起到重要作用。可以说，模具工业水平是衡量一个国家制造业水平的重要标志之一。进入二十一世纪以来，我国的模具产业高速发展，目前我国已成为世界模具第一大国。

模具自身也属于个性化定制产品，型腔结构随产品零件的不同而不同，其研制过程集计算机技术（CAD/CAM/CAE）、精密加工技术、智能控制技术、绿色制造技术等多种现代高新技术为一体，成为产品创新的重要工艺装备保障。

随着社会生产的发展和现代制造技术的不断进步，模具行业和企业对人才的需求也在不断变化，从早期模具装配钳工、数控操作工，到后来的加工编程工程师、设计工程师，新的工种、新的技术岗位不断涌现，一些在过去属于行业高端紧缺型的技能，如今已成为基本技术要求。

目前我国经济进入高质量发展阶段，用户对产品和模具的质量以及交付速度的要求越来越高，这对模具研制的前端设计预算能力和后端交付保障能力提出了更高要求，模具技术人员需要掌握最新的技术。注塑模具模流分析技术采用 CAE 分析软件对产品结构可成型性、模具浇注系统、温控系统进行有限元分析，设计较为合理的成型方案，预测成型缺陷并提前规避；工艺调试作为模具研制完工的验证手段，是整个设计制造链条的最后一个环节，对模具交付至关重要；工艺调试既要验证模具的设计、制造精度和质量，又要模拟用户的生产使用过程，是创造用户最佳体验的主战场。提升注塑模具模流分析和工艺调试方面的技术能力，是模具行业内企业的当务之急。

海尔智家积极参与 1+ X 试点工作，成功入选 1+ X 职业技能等级证书培训评价组织，联合企业、高校、行业组织，开发了“注塑模具模流分析及工艺调试”职业技能等级标准，并按照此标准，组织行业专家、学者、技术人员编写了本套标准培训教材。本套教材的问世，不仅代表“注塑模具模流分析及工艺调试”标准的试点工作进入新的阶段，而且也为行业院校教学、企业技术人员提升技术水平提供了标准培训教材，推动整个模具行业人才培养和培训体系化，解决模具行业相关人才的缺口问题。

海模智云作为卡奥斯旗下的模具工业互联网平台，通过打造数字化、物联智能解决方案赋能模具行业，提升我国模具行业的竞争力。在本系列教材组织开发过程中，众多企业高水平的专业技术人员积极参与，无偿提供教材宝贵经验和案例，并与高校教师和专家充分沟通交流，使得教材的理论性和实操性达到职业培训最佳平衡点，更贴近模具企业的实际，更好地为注塑模具行业技术技能人才培养服务。

伴随本系列教材的出版，希望越来越多的模具同行能够关注和支持 1+ X“注塑模具模流分析及工艺调试”证书试点工作，参与行业人才培养工作，帮助学生和企业员工掌握专业技能，为社会主义现代化国家建设贡献更大力量。

青岛海尔模具有限公司　董事长兼总经理
中国模具工业协会副会长
张磊

2022. 7. 18

序 2

随着中国经济的快速发展，我国的职业教育进入了新的发展时期。职业教育作为教育的一部分，在国民教育体系和人力资源开发中都占有举足轻重的作用。大力发展职业教育是培养多样化人才、传承技术技能、促进就业创业的重要途径，是我国在经济全球化发展形势下实现经济快速可持续发展的必然选择。习近平总书记强调，要把职业教育摆在更加突出的位置，优化职业教育类型定位，增强职业教育适应性，加快构建现代化职业教育体系，培养更多高素质技术技能人才、能工巧匠、大国工匠，为促进经济社会发展和提高国家竞争力提供优质人才资源支撑。

在新时期我国制造业加速发展的社会背景下，深化职业教育改革，完善现代职业教育体系，提高人才培养质量，畅通技术技能人才成长通道，是职业教育人才培养与企业人才需求的共同目标。2019年国务院颁发的《国家职业教育改革实施方案》指出要构建职业教育国家标准，启动 1+ X 证书制度试点工作，促进产教融合校企“双元”育人，坚持知行合一、工学结合，推动校企全面加强深度合作，推动企业和社会力量举办高质量职业教育。

1+ X 证书制度是职教 20 条的重要改革部署，是落实立德树人根本任务、深化产教融合校企合作的一项重要举措。令人欣喜的是，众多掌握先进技术的优秀企业作为评价组织，参与到了职业教育 1+ X 制度的实施中，这对于职业院校创新人才培养和评价模式，深化教师、教材、教法改革，对接国际职业标准，提升我国技术技能人才培养的国际化水平具有重要意义。

模具工业是高新技术产业化的重要领域，模具的生产从以传统的师傅为主导的技艺型生产方式，进入到了数字化、信息化的智能制造时代，产业转型升级与企业技术创新对模具人才提出了新的要求，然而我国职业院校模具专业的发展相对缓慢，模具人才的培养已无法满足企业的用人需求，尤其是在新工艺、新技术和新设备方面，人才发展的速度跟不上行业发展速度。海尔智家集团作为 1+ X 评价组织，开发的“注塑模具模流分析及工艺调试”职业技能等级标准，充分体现了模具行业对人才技能需求，弥补了职业院校注塑模具课程教学标准与行业标准上的差距。

这本书作为 1+ X“注塑模具模流分析及工艺调试”职业技能等级标准配套教材，融入了注塑模具行业的新知识、新技术、新工艺以及新设备，该书基本涵盖了注塑产品成型全生命周期的各个岗位技能点和知识点，从产品材料的选择，产品结构和工艺的分析，到模具的拆装，再到模流分析和注塑成型操作，以情景式导入任务，符合学生认知规律。相信本书的出版，能为职业院校制订和完善课程教学和评价标准，探索课证融通指明方向。

天津职业大学校长　郑清春
2022.7.18

前言

模具是工业生产的基础工艺装备，被誉为“工业之母”，其技术水平已成为衡量一个国家制造水平的重要标志之一。塑料模具是目前模具行业的一个重要分支，其产量占整个模具行业的 30%左右。注塑成型是使用最多的一种塑料制品成型方法，未来注塑模具的发展将朝着精密、立体、高效、快速的方向发展。

为贯彻落实教育部等四部委《关于在院校实施“学历证书+ 若干职业技能等级证书”制度试点方案》，积极推动 1+ X 证书制度的实施，由教育部指定参与 1+ X 证书制度试点的职业教育培训评价组织青岛海尔智家有限公司联合天津职业大学、常州工程职业技术学院、广东轻工职业技术学院、浙江天煌科技有限公司等国内注塑模具领域的重点院校、研究中心、企业，共同开发了本教材，作为广大从业人员和相关专业学生参加“注塑模具模流分析及工艺调试”职业技能等级证书考试的标准培训教材。

本书依据《1+X 注塑模具模流分析及工艺调试职业技能等级标准（初级）》，采用项目化、任务驱动模式编写。全书围绕企业模流分析及工艺调试相关岗位知识、技能和素养要求，分为 3 个项目， 12 个教学任务，每个任务都基于企业生产中的真实案例，对标《注塑模具模流分析及工艺调试职业技能等级标准（初级）》中的相应知识点、技能点，融入新技术、新工艺、新规范。通过本书学习，学员应掌握以下技能：能够进行配料和混料；能够进行两板模拆卸和组装配；能够进行两板模的维护和保养；能够将模具安装到注塑机上；能够操作注塑机及其辅助设备；能够进行注塑参数的调试；能够试制出合格塑件。

本书由青岛海尔模具有限公司、青岛海享学人力资源有限公司组织编写，李瑞友、张磊主编；天津职业大学费晓瑜、青岛海尔模具有限公司张平、深圳职业技术学院罗超云、天津职业技术师范大学王睿任副主编。天津职业大学林丽，天津职业技术师范大学黎振，常州工程职业技术学院熊煦、蒋晓威、陈晓松、马立波，黎明职业大学曾安然、汪扬涛参加编写。感谢天津机电职业技术学院孙友老师和浙江天煌科技有限公司李水生工程师为本书编写提供的帮助。

本书是“注塑模具模流分析及工艺调试”职业技能等级证书考试指定标准培训教材，同时可作为职业院校相关专业的教材及企业培训用书。

由于编者水平有限，书中不当之处在所难免，恳请广大读者予以批评指正。

编　者

2022.7

目录

项目一 制件工艺性分析

学习笔记

【项目目标】

知识目标：

1. 掌握塑料的基本组成与分类；
2. 掌握常见塑料的性能和用途；
3. 了解常见塑料成型的工艺特性；
4. 了解塑料的鉴别方法。

技能目标：

1. 能够按照生产要求进行配料；
2. 能够按照生产要求进行混料。

【项目引入】

备料组技术人员小张接到配料任务单，对注塑制件的生产原料及辅料进行配料和混料。小张首先需要结合配料单评估备料状况，了解注塑件所需专用料的性能和成型工艺性，了解辅料的性能，掌握常用塑料的性能及其对注塑成型的影响，能够选择合适的原材料，进行相应的预处理，掌握产品材料的鉴别方法，做好原料备料作业。备料作业内容包括按任务单要求，准确领取各种树脂并做好预处理，部分树脂材料须提前干燥。

学习笔记

任务一 材料分析

一、塑料的基本组成

塑料是以合成树脂或改性后的天然树脂为主要原料，添加适当助剂（如填料、增塑剂、稳定剂、润滑剂、着色剂、抗氧剂、色料等），在一定温度和压力下制成的材料。塑料的密度低、比强度高、耐腐蚀性好、绝缘性好，具有优良的减震性，但其机械强度和耐热性较低，导热性差，热收缩率大，大部分易燃烧、老化，需通过改性剂对其进行改性。

二、塑料的分类

依据塑料受热过程的结构变化以及冷却后的性能，塑料可区分为热塑性塑料和热固性塑料两类。

热塑性塑料具有加热软化、冷却硬化的特性，受热熔融时不发生化学变化，具有可逆性，可反复加热熔融、冷却、固化成型，可回收利用。常见的热塑性塑料有聚丙烯（PP）、聚乙烯（PE）、聚对苯二甲酸乙二醇酯（PET）等。

热固性塑料在加热后，链状或树枝状分子主链之间的活性官能团发生化学反应，形成交联网状结构，固化成型，交联固化过程为不可逆过程，即固化后的塑料再次加热后无法重新熔融，因而其生产过程中产生的边角料不可直接回收利用。热固性塑料比热塑性塑料具有更好的耐热性能。常见的热固性塑料有酚醛树脂、环氧树脂等。

根据塑料的性能特点以及对使用条件的适应性，塑料可

学习笔记

分为通用塑料、工程塑料和特种塑料。通用塑料产量较大，用途广泛，价格低廉，常见的如聚丙烯、聚乙烯、聚苯乙烯、聚氯乙烯等，它们约占塑料产量的60%。工程塑料是可用作结构材料的塑料，其强度、硬度、耐热性及抗老化等性能较通用塑料好，可替代部分金属材料。工程塑料与通用塑料没有明显的界限，一些通用塑料经改性后可用作工程塑料。常见的特种塑料有聚砜、聚酰亚胺、聚苯硫醚等。

三、塑料基本性能与成型工艺条件

塑料的基本性能直接影响塑料成型工艺条件，如表1-1所示。

表1-1 常用塑料的基本性能和成型工艺条件

塑料名称	基本性能	典型应用	建议成型条件
ABS(丙烯腈-丁二烯-苯乙烯共聚物)	ABS是三种单体共聚合成的非结晶型材料,A代表的丙烯腈,B代表丁二烯,S代表的苯乙烯; ABS具有优良的加工性和抗冲击强度,具有优异的尺寸稳定性	汽车、冰箱、空调、电子设备的外壳	干燥条件:80～90℃,时间大于2h; 熔融温度:210～250℃; 注塑压力:50～100MPa; 注塑速度:中高速度; 模具温度:30～70℃
PA12(聚十二内酰胺)	PA12为半结晶型热塑性塑料,具有较好的电气绝缘性、抗冲击性及化学稳定性;经改性后的PA12具有较低的熔点和密度	轴承、机械传动机构、滑动机构等	干燥条件:85℃,4～5h; 熔融温度:240～300℃; 注塑压力:最大100MPa; 注塑速度:高速; 模具温度:30～100℃

学习笔记

续表

塑料名称	基本性能	典型应用	建议成型条件
PA6（聚己内酰胺）	具有较低的熔点，较宽的工艺温度范围，较高的抗冲击性和吸湿性；具有很好的机械强度和刚度；通过改性可进一步提高其综合性能；塑件收缩率受到材料结晶度、吸湿性、塑件结构、壁厚等因素影响	设备结构部件、轴承等	干燥条件：80℃空气中干燥16h；空气中暴露超过8h则在105℃下真空干燥8h； 熔融温度：230～280℃； 注塑压力：75～125MPa； 注塑速度：可高速； 模具温度：80～90℃
PA66（聚己二酰己二胺）	具有较高的熔点和较好的耐热性，吸湿性较强，有较低的黏度和较好的流动性，可成型很薄的塑件。需注意吸湿性对产品尺寸稳定性的影响；可采用玻璃纤维增强，或加入增韧剂提高抗冲击性能；成型收缩率在1%～2%，加入玻纤改性后降低到0.2%～1%	汽车、仪器壳体	干燥条件：在85℃热空气中干燥8h；湿度超过0.2%时须在105℃下真空干燥12h； 熔融温度：260～290℃； 注塑压力：80～125MPa； 模具温度：80℃
PBT（聚对苯二甲酸丁二醇酯）	具有很好的机械强度、电绝缘性、化学稳定性和热稳定性；通过改性可进一步提高力学性能；维卡软化温度在170℃左右，玻璃化转变温度为22～43℃；PBT结晶速度快，熔融指数低，塑件成型周期短	家用电器、汽车散热器格窗、车身嵌板、门窗部件等	干燥条件：110～130℃热空气中干燥4～8h； 熔融温度：225～275℃； 注塑压力：最大到150MPa； 注塑速度：速度快； 模具温度：40～80℃

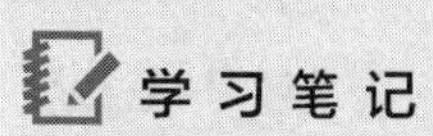

续表

塑料名称	基本性能	典型应用	建议成型条件
PC(聚碳酸酯)	有较高的力学性能和热稳定性,优异的光泽度和尺寸稳定性(收缩率为0.1%～0.2%);流动性较差,存在注塑难填充问题	电子设备、家用电器、汽车工业(前后灯灯罩、仪表板等)	干燥条件:110～200℃,3～4h,确保注塑前湿度低于0.02%; 熔融温度:260～340℃; 注塑压力:较高; 模具温度:70～120℃
HDPE(高密度聚乙烯)	高密度,较好的流动性,收缩率较大,在1.5%～4%;在温度高于60℃的环境中易溶于烃类溶剂	家用电器、储存容器、家用厨具等	干燥条件:合理储存则无需干燥; 熔融温度:220～260℃; 注塑压力:70～105MPa; 注塑速度:高速注塑; 流道和浇口:流道直径4～8mm,长度宜短,浇口类型不限,浇口长度小于0.75mm为宜; 模具温度:50～95℃,塑件壁厚超过6mm时建议降低模具温度
LDPE(低密度聚乙烯)	密度越大,收缩率越低,同时受注塑工艺参数影响;在室温下可耐受大部分溶剂,但在芳香烃和氯化烃中会溶胀	碗柜、箱柜、管道连接器等	干燥条件:无需干燥; 熔融温度:180～275℃; 注塑压力:≤150MPa; 保压压力:≤75MPa; 注塑速度:快速; 模具温度:20～40℃

学习笔记

续表

塑料名称	基本性能	典型应用	建议成型条件
PET（聚对苯二甲酸乙二醇酯）	光泽度较好，玻璃化转化温度在165℃左右，结晶温度范围为120～220℃。高温下易弯曲变形	反光镜盒、电气连接器、继电器、开关、泵壳体等	干燥条件：120～165℃，4h，确保注塑前湿度小于0.02%； 熔融温度：260～280℃（常规型），275～290℃（增强型）； 注塑压力：35～130MPa； 注塑速度：宜高，但注意避免脆化； 流道和浇口：浇口类型不限，浇口尺寸以塑件厚度的50%～100%为宜； 模具温度：85～120℃
PMMA（聚甲基丙烯酸甲酯）	也称为有机玻璃或亚克力，优良的高分子透明材料，光学性质和耐气候特性优异，具有良好的抗冲击性和室温蠕变性能；较长时间高负荷下易产生应力开裂	汽车工业（信号灯设备、仪表盘等）、医疗容器、日用消费品（饮料杯、文具等）	干燥条件：90℃，2～4h； 熔融温度：240～270℃； 注塑速度：中等； 模具温度：35～70℃
POM（聚甲醛）	具有良好的抗蠕变特性、几何稳定性、抗冲击性能和耐高温特性，具有很低的摩擦系数，不易吸水，特别适合制作齿轮和轴承； 结晶度高，收缩率高达2%～3.5%，加入增强剂会影响其收缩率	齿轮和轴承、管道器件（管道阀门、泵壳体）、高功率设备等	干燥条件：一般不需要干燥； 熔融温度：190～210℃，温度过高会分解出甲醛； 注塑压力：75～120MPa； 注塑速度：中等或偏高； 模具温度：80～105℃，高温度有利于减小成型后的收缩

学习笔记

续表

塑料名称	基本性能	典型应用	建议成型条件
PP（聚丙烯）	抗冲击性能较好，但延展性较低；收缩率非常高，一般为1.8%～2.5%，可加入玻璃纤维、金属添加剂等材料进行改性	汽车工业（保险杠等）、家用电器（如洗衣机框架及机盖、冰箱门衬垫、通风管）等	干燥条件：一般不需要干燥； 熔融温度：220～270℃； 注塑压力：可大到175MPa； 注塑速度：高速，或较高温度下的低速注塑； 流道和浇口：圆形冷流道为宜，直径4～7mm；浇口类型不限，浇口直径宜为1～1.5mm； 模具温度：40～70℃
PPE或PPO（聚2,6-二甲基-1,4-苯醚）	耐较高温度的热塑性工程塑料，具有优良的电绝缘性和很低的热膨胀系数	电气、电子设备外壳	干燥条件：100℃，2～4h； 熔融温度：245～325℃； 注塑压力：60～140MPa； 模具温度：55～145℃
PS（聚苯乙烯）	透明、非结晶型热塑性塑料，具有良好的热稳定性和电绝缘性，耐水、稀酸，但不耐浓硫酸等强氧化物，在有机溶剂中会溶胀	产品包装、餐具、透明容器、光源散射器、绝缘薄膜等	干燥条件：80℃，2～3h； 熔化温度：180～278℃； 注塑压力：20～55MPa； 注塑速度：注塑速度宜快； 模具温度：40～50℃

学习笔记

续表

塑料名称	基本性能	典型应用	建议成型条件
PVC（聚氯乙烯）	强度高，阻燃性、耐候性和尺寸稳定性良好；具有良好的化学稳定性，能耐受氧化剂、还原剂和强酸，但难以抵抗浓硫酸、浓硝酸、芳香烃、氯化烃等；PVC的流动性差，工艺范围很窄，加工时易热分解，需严格控制熔融温度	家装建材（管道、门窗塑件、房屋墙板等）、机器壳体、电子产品包装等	干燥条件：无需干燥； 熔融温度：185～200℃； 注塑压力：可大到150MPa； 保压压力：可大到100MPa； 注塑速度：低注塑速度可避免降解； 流道和浇口：浇口类型不限；小塑件宜采用针状浇口或潜伏式浇口，直径应大于1mm；厚部件宜采用扇形浇口，厚度应大于1mm； 模具温度：20～50℃
SAN（苯乙烯-丙烯腈共聚物）	无色透明，具有良好的硬度，易加工，具有较高的强度和较好的热稳定性、化学稳定性；具有良好的尺寸稳定性	电气设备壳体、汽车工业（灯盒、仪表盘等）、家用塑料餐具、塑料刀具等	干燥条件：80℃，2～4h； 熔融温度：200～270℃； 注塑压力：35～130MPa； 注塑速度：以高速为宜； 流道和浇口：浇口类型不限，尺寸须严格配套，以免产生纹路和空隙； 模具温度：40～80℃

四、了解常用塑料的鉴别方法

塑料制品大类可通过塑料外观的不同进行简单鉴别。外观为半透明或不透明的塑料多为结晶型塑料（薄膜例外），外观为全透明的一般为无定形塑料或热固性塑料（有添加剂例外）。热塑性塑料受热时软化，易熔融，且熔融时变得透明，能从熔体拉出丝。已经固化的热固性塑料受热时保持其原有硬度，不软化，尺寸较稳定，加热至分解温度后炭化。

常用热塑性塑料的软化或熔融温度区间如表 1-2 所示。

表 1-2 常用热塑性塑料的软化或熔融温度区间

塑料品种	软化或熔融温度区间/℃
聚苯乙烯(PS)	70～115
聚氯乙烯(PVC)	75～90
聚丙烯(PP)	160～170
聚醋酸乙烯酯(EVA)	35～85
聚甲基丙烯酸甲酯(PMMA)	126～160
聚对苯二甲酸乙二醇酯(PET)	250～260
聚甲醛(POM)	165～185
聚丙烯腈(PAN)	130～150

常用塑料原料的密度如表 1-3 所示。

在实际生产中通过燃烧法可以快速、低成本地辨别出塑料的种类，常用塑料在燃烧时的特点如表 1-4 所示。

表 1-3 常用塑料原料的密度

材料	密度/(g/cm^3)
聚丙烯	0.85～0.91
聚丁烯	0.91～0.92
聚异丁烯	0.9～0.93
聚苯乙烯	1.04～1.08
聚苯醚	1.05～1.07
聚丙烯腈	1.14～1.17

学习笔记

学习笔记

续表

材料	密度/(g/cm³)
氯化聚氯乙烯	1.47～1.55
聚偏二氟乙烯	1.70～1.80
聚偏二氯乙烯	1.86～1.88
聚四氟乙烯	2.10～2.30
聚甲基丙烯酸甲酯	1.16～1.20
聚碳酸酯(双酚A型)	1.20～1.22
交联聚氨酯	1.20～1.26
醋酸纤维素	1.25～1.35
聚对苯二甲酸乙二醇酯	1.38～1.41
聚氯乙烯(硬质)	1.38～1.50

表 1-4　常用塑料在燃烧时的特点

塑料种类	燃烧难易程度	离火后情况	火焰颜色	烟雾情况	塑料变化状态	燃烧气味
聚乙烯(PE)	易	继续燃烧	上黄下蓝	/	熔融滴落	石蜡燃烧味
聚丙烯(PP)	易	继续燃烧	上黄下蓝	少量黑烟	熔融滴落	石油味
聚氯乙烯(PVC)	难	自熄	上黄下绿	白烟	软化	刺激性酸味
丙烯腈/丁二烯/苯乙烯(ABS)	易	继续燃烧	黄色	浓黑烟	软化、烧焦	特殊气味
聚醋酸乙烯酯(EVA)	易	继续燃烧	暗黄色	黑烟	软化	醋酸味
聚对苯二甲酸乙二醇酯(PET)	易	继续燃烧	橘黄色	黑烟	起泡，伴有噼啪碎裂声	刺激性芳香味
聚甲基丙烯酸甲酯(PMMA)	易	继续燃烧	浅蓝色，顶端白色	/	熔融、起泡	腐烂蔬菜味

学习笔记

续表

塑料种类	燃烧难易程度	离火后情况	火焰颜色	烟雾情况	塑料变化状态	燃烧气味
聚苯乙烯（PS）	易	继续燃烧	橙黄色	浓黑烟呈炭飞扬	软化、起泡	苯乙烯单体味
聚甲醛（POM）	易	继续燃烧	上黄下蓝	/	熔融滴落	鱼腥味
酚醛树脂（PF）	缓慢燃烧	自熄	黄色	/	膨胀，开裂	木材和苯酚味
脲醛树脂（UF）	难	自熄	黄色，顶端淡蓝色	/	膨胀，开裂，燃烧处变白色	特殊甲醛味
三聚氰胺-甲醛树脂（MF）	难	自熄	淡黄色	/	膨胀，开裂，燃烧处变白色	特殊甲醛味
聚碳酸酯（PC）	缓慢燃烧	缓慢自熄	黄色	黑烟炭飞扬	熔融起泡	刺激花果味
硝化纤维素（CN）	极易	继续燃烧	黄色	/	迅速燃烧	/
乙酸纤维素（CA）	易	继续燃烧	黄色	黑烟	熔融滴落	特殊气味
乙基纤维素（EC）	易	继续燃烧	黄色，上端蓝色	/	熔融滴落	特殊气味
聚苯砜（PSU）	难	缓慢自熄	黄色	浓黑烟	熔融	略有橡胶燃烧味
聚苯醚（PPO）	难	自熄	/	浓黑烟	熔融	刺激花果味
聚砜（PSF）	难	自熄	/	黄褐色烟	熔融	略有橡胶燃烧味
聚偏氯乙烯（PVDC）	很难	自熄	黄色，端部绿色		软化	特殊气味
聚四氟乙烯（FTFE）	不燃	/	/	/	软化	特殊气味

【知识延伸】

一、塑料的选用

家用日用品和包装容器类通常选聚乙烯和聚丙烯，电器类选聚苯乙烯。轴承、齿轮、联轴器等零件通常选用 MC 尼龙、聚甲醛、聚碳酸酯、超高分子量环氧树脂、氯化聚醚等。聚碳酸酯适用于仪表中的小模数齿轮，超高分子量环氧树脂适用于精密零件及外形复杂的结构件。

活塞环、机械运动密封圈等要求具有低摩擦系数，对机械强度要求不高，可选用聚四氟乙烯等。

化工管道、容器等需要耐强酸、强碱及强氧化剂的结构部件，可选择聚四氟乙烯、聚三氟乙烯及聚偏氟乙烯等。

对于要求耐高温的零件，可选用各种氟塑料、聚苯醚、聚酰亚胺、芳香尼龙等。

对于眼镜、照相机、望远镜等的光学塑料镜片，常用的塑料有聚甲基丙烯酸甲酯、聚碳酸酯、聚苯乙烯、聚丙烯等。

二、塑料制品的成型工艺性要求

（1）塑料熔体的流动性应尽可能好，有利于成型。

（2）塑料制品的结构设计应有利于充模、排气和补缩，能适应快速冷却硬化。

（3）注塑模具的质量对产品质量有较大影响，应尽量提高模具的加工质量。

学习笔记

任务二 配料及混料

一、助剂

加入合适的助剂可改善塑料的成型工艺性能。助剂主要有以下几种。

1. 填充剂

常用的填充剂有木粉、碳酸钙、滑石粉、云母、玻璃纤维等，可改善塑料的部分使用性能。

2. 增塑剂

增塑剂是改善塑料加工性能的一类重要助剂。增塑剂与树脂要有良好的相容性，无毒、无色、无臭味，热稳定性好，不吸湿。

3. 着色剂

着色剂的作用是使塑件获得各种所需颜色。着色剂必须在塑料成型过程中不分解变色，具有良好的树脂相容性，稳定性好。

4. 稳定剂

稳定剂能降低光、热、氧、射线等对塑料的不利影响。稳定剂可分为光稳定剂、热稳定剂、抗氧化剂等。对稳定剂的要求是不影响塑件颜色，耐水、耐腐蚀，具有良好的树脂相容性，成型过程中不分解不挥发。

5. 固化剂

固化剂也称交联剂，在塑料加热成型过程中促进塑料固化。

6. 阻燃剂

阻燃剂能抑制塑料燃烧。随着环保要求越来越高，阻燃剂向无卤阻燃剂方向发展。

7. 发泡剂

发泡剂能促进塑料内部产生泡孔，可分为物理发泡剂和化学发泡剂两大类。

8. 防霉剂

防霉剂能抑制塑料制品被微生物降解。

9. 抗静电剂

塑料制品易累积静电，发生危险。抗静电剂多为阳离子表面活性剂。炭黑是最常见的抗静电剂。抗静电剂可分为外部抗静电剂和内部抗静电剂。

根据塑件使用要求，在塑料中还可加入一些其他的助剂，如偶联剂、导电剂、抗菌剂等。

二、配料及混料

1. 配料

① 查看配料单，掌握配料所需原料种类、色粉编号、总配料量等。

② 先用电子台秤称取配料单中所需重量的原料，再用高精度计数秤称取一定重量的色粉，注意不能随意更改配料比例，称重时要确保计量准确。

③ 根据需要将称好的树脂原料放入到烘箱中，设定适合的烘干时间和温度。

2. 混料

① 混料前，工人着装要符合要求，头发要扎起，要远离旋转设备，确保安全。首先检查桨叶是否存在松动，各部件润滑度是否符合要求；然后开启设备进行空转，注意有无

异常响声等异常情况；最后检查安全开关是否灵敏。若发现设备存在异常现象，应马上停机检查。不用时要切断电源。

② 清扫混料机表面的灰尘和杂料，然后用白电油擦洗设备，最后用干净棉布擦除残余的白电油。每换一种材料，都应将混料机清理干净。

③ 将确定用量的各种物料按工艺要求的顺序加入混合机，检查混合机釜盖是否盖好；然后设置搅拌时间，按启动按钮进行混料搅拌；到达混料时间后，马达停止转动，打开出料阀，点动按钮出料。

注意：设备运转过程中严禁将手伸进混合机里抓料，如需查看，应在确保机器断电停止运转后进行。

④ 将混合好的物料装入干净的原料袋内，封好袋口，并转移至指定机台摆放好；切断电源，清扫设备和机台周围，特别是相互转动的部位，严禁有灰尘堆积。

【知识延伸】

1. 新料

新料是指达到某一特定指标，未经过注塑成型加工的新配制的塑料原料。

2. 二次料

二次料是指注塑成型产品残留下来的浇口料和残次品经过破碎，可以再次利用的材料。

3. 机头料

机头料主要是指注塑机机头对空排出的无用材料，机头料品质最差，不允许再回收使用。

4. 回收造粒料

回收造粒料是指在二次料中添加稳定剂、填充剂、增塑剂等，进行共混后得到的粒料，其质量受二次料质量和造粒改性技术的影响较大。

项目二 模具拆装与保养

学习笔记

本项目主要讲解模具的拆装与保养，包含典型单分型面模具（两板模）的拆装与保养、含有侧向分型与抽芯机构和斜顶（斜推杆）机构的双分型面模具（三板模）拆装与保养，以及双色模的拆装与保养。初级教材主要讲解典型单分型面模具（两板模）的拆装与保养。

【项目目标】

知识目标：

1. 掌握两板模结构和工作原理；
2. 掌握常用拆装工具的使用方法和种类；
3. 掌握两板模模具拆装方法及注意事项；
4. 掌握模具拆装的安全常识（工装穿戴等）。

技能目标：

1. 能够看懂两板模装配图；
2. 能够按照装配图进行两板模拆卸和装配；
3. 能够正确选用拆装工具；
4. 能够正确选用测量工具；
5. 能够进行两板模的保养。

装配组技术人员小刘接到保养任务单（表 3-0），对一套

结束生产任务的模具（模号CJ0001）进行保养，然后封装保存。小刘首先从电脑中调取了该模号模具的二维装配图和三维模具图，了解到该模具为单分型面注塑模具，即两板模，该模具采用潜伏式浇口。在确定了各个零部件的装配关系后，小刘将所需的拆装和保养工具整齐摆放到工作台上，开始拆卸模具，然后按照保养任务单进行相应零部件的保养，最后再将模具组装起来。

要完成以上任务，小刘需要掌握典型模具结构组成及工作原理，掌握常用拆装及测量工具的使用方法以及模具的保养方法，了解模具拆装的安装注意事项，同时具备模具拆装和保养技能。

学习笔记

表 3-0 保养任务单

<table>
<tr><th colspan="4">保养任务单</th></tr>
<tr><th colspan="4">模号:ZJ0001</th></tr>
<tr><th>保养目的</th><th>保养部位</th><th>保养项目</th><th>保养标准</th></tr>
<tr><td rowspan="9">定期保养</td><td rowspan="3">侧向分型与抽芯机构</td><td>去除滑块表面锈斑和残胶</td><td>无锈斑和残胶</td></tr>
<tr><td>检查滑块、弹簧、耐磨板的磨损情况</td><td>更换磨损严重零件</td></tr>
<tr><td>润滑保养</td><td>均匀涂抹润滑油</td></tr>
<tr><td>顶出机构</td><td>去除直顶杆和斜顶杆表面锈斑</td><td>无锈斑</td></tr>
<tr><td rowspan="2">成型零部件</td><td>去除型腔和型芯表面残胶</td><td>无锈斑</td></tr>
<tr><td>去除型腔和型芯表面锈斑</td><td>表面清洁无锈斑</td></tr>
<tr><td rowspan="2">导向零部件</td><td>去除导柱表面锈斑</td><td>无锈斑</td></tr>
<tr><td>润滑保养</td><td>均匀涂抹润滑油</td></tr>
</table>

学习笔记

任务三 模具结构认知

一、确定模具类型

（1）观察装配图模架类型

ZJ0001号模具装配图如图3-1所示，该模具所用模架是典型的潜伏浇口标准模架C型。注意：对于外观要求高、不允许有浇口痕迹的产品，通常采用潜伏式浇口，其特点是浇口痕迹留在产品的内表面，从而不影响外观。

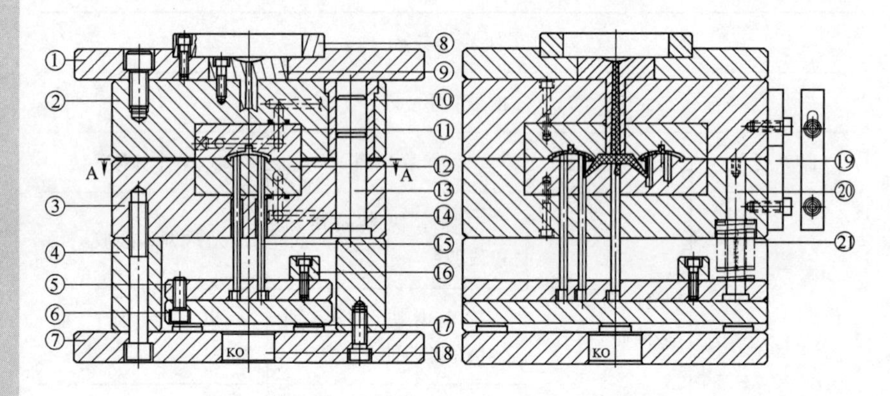

图3-1 ZJ0001号模具装配图

1—定模座板；2—定模板；3—动模板；4—垫块；5—推杆固定板；6—推板；7—动模座板；8—定位环；9—浇口套；10—导套；11—定模成型镶块；12—动模成型镶块；13—导柱；14—水路；15—推杆；16—限位块；17—垃圾钉；18—KO孔；19—锁模块；20—复位杆；21—弹簧

（2）确定模具类型

根据模架类型和组成，确定该模具为典型单分型面注塑模具，即两板模。

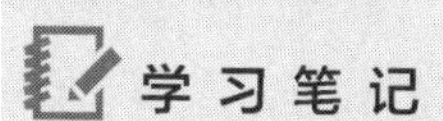

二、确定模具结构组成

（1）分析典型潜伏式模具结构图

图 3-2 为典型两板模 3D 爆炸图，从图中可以清楚地看出各个模具零件及装配关系。

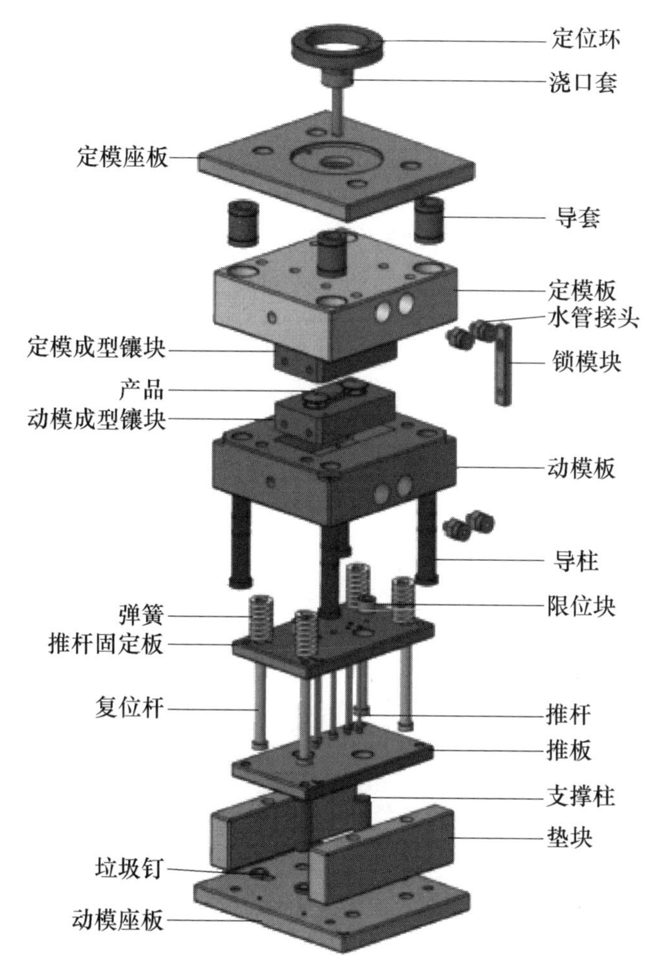

图 3-2 典型两板模 3D 爆炸图

（2）确定结构组成

按照模具中零部件的功能，模具零件可以分成以下八个系统。

① 浇注系统。主要包括主流道、分流道、浇口、冷料

井、拉料杆等。

② 成型零件系统。包括如型芯、型腔及其他辅助零件。

③ 温控系统。主要包括冷却系统、模具加热系统等。

④ 顶出系统。主要包括零件顶出机构、侧分型机构、二次顶出机构、先复位机构及顺序定距分型机构等。

⑤ 模架主体系统。主要包括动模座板、定模座板、动模板、定模板、支承板、垫块、推杆固定板、垫板等，为模具安装及其他零部件安装提供支持。

⑥ 导向系统。导向系统用来保证各运动部件相互间的移动精度，包括导柱导套、导滑键、导滑槽等。

⑦ 排气系统。用于充模时快速排出模具型腔中的气体。

⑧ 连接辅助系统。用于连接模具零件及其他辅助部件，包括螺钉、锁模块等。

（3）模具零件分类

按照各零部件功能进行分类，如表 3-1 所示。

表 3-1　零部件功能分类

<table>
<tr><th>编号</th><th>名称</th><th>类别</th><th>编号</th><th>名称</th><th>类别</th></tr>
<tr><td>1</td><td>定模座板</td><td rowspan="7">模架主体系统</td><td>12</td><td>动模成型镶块</td><td>成型系统</td></tr>
<tr><td>2</td><td>定模板</td><td>13</td><td>导柱</td><td>导向系统</td></tr>
<tr><td>3</td><td>动模板</td><td>14</td><td>水路</td><td>冷却系统</td></tr>
<tr><td>4</td><td>垫块</td><td>15</td><td>推杆</td><td rowspan="6">顶出系统</td></tr>
<tr><td>5</td><td>推杆固定板</td><td>16</td><td>限位块</td></tr>
<tr><td>6</td><td>推板</td><td>17</td><td>垃圾钉</td></tr>
<tr><td>7</td><td>动模座板</td><td>18</td><td>KO 孔</td></tr>
<tr><td>8</td><td>定位环</td><td rowspan="2">浇注系统</td><td>19</td><td>复位杆</td></tr>
<tr><td>9</td><td>浇口套</td><td>20</td><td>弹簧</td></tr>
<tr><td>10</td><td>导套</td><td>导向系统</td><td>21</td><td>锁模块</td><td rowspan="2">连接辅助系统</td></tr>
<tr><td>11</td><td>定模成型镶块</td><td>成型系统</td><td>其他</td><td>内六角螺钉</td></tr>
</table>

学习笔记

（4）模具工作过程

模具的工作过程如下：注塑机将塑化好的熔融塑料经过主流道、分流道及潜伏式浇口注入型腔，充满后保压一定时间，待模具中产品温度降低到设定值后，模具打开，塑件留在动模一侧，动模后撤到一定距离，注塑机上推杆推动顶出系统向右运动，在顶出的过程中潜伏式浇口被切断，浇注系统与产品分离；产品顶出后，去除塑件背面的流道废料。合模时，动模向右移动，在复位弹簧的作用下，顶出机构先复位，导柱进入导套保证合模精度，开始下一个成型周期。

【知识延伸】

1. 标准模架

为了提高注塑模具生产效率、降低成本，国家制定了注塑模具的模架标准对注塑模模架进行了分类，确定了各类标准模架大小及厚度，并确定了模架各零件的加工装配要求。根据该标准，将注塑模模架基本型结构分成两类：直浇口型和点浇口型。直浇口型主要用于单分型面模具，俗称两板模；点浇口型主要用于双分型面模具，俗称三板模。

（1）直浇口模架

直浇口型标准模架如图3-3所示。直浇口型模架适用于只有一个分型面的模具场合，主要适用于直接浇口、侧浇口、潜伏式浇口等常规模具结构。直浇口型模架，又分为A、B、C、D四种类型。

直浇口A型模架：定模两模板，动模两模板，具体如图3-4所示；

直浇口B型模架：定模两模板，动模两模板，加装推件板，具体如图3-5所示。

学习笔记

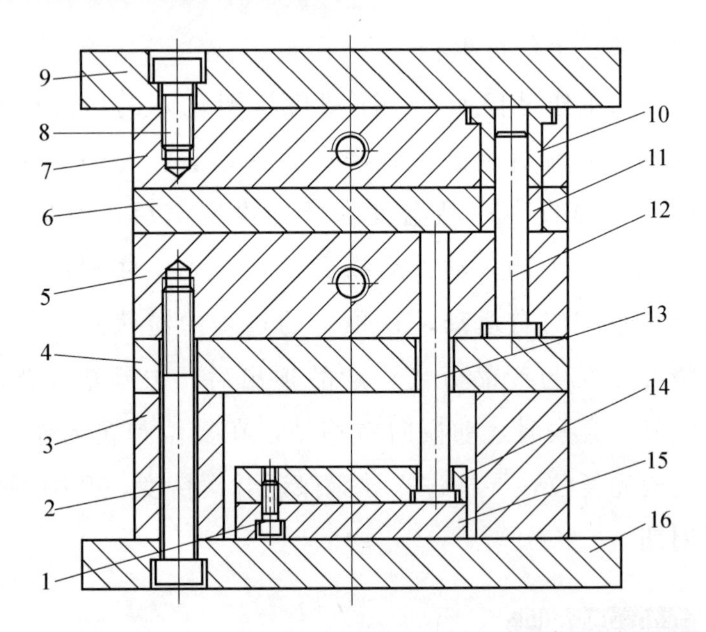

图 3-3　直浇口模架

1，2，8—内六角螺钉；3—垫块；4—支承板；5—动模板；6—推件板；7—定模板；9—定模座板；10—带头导套；11—直导套；12—带头导柱；13—复位杆；14—推杆固定板；15—推板；16—动模座板

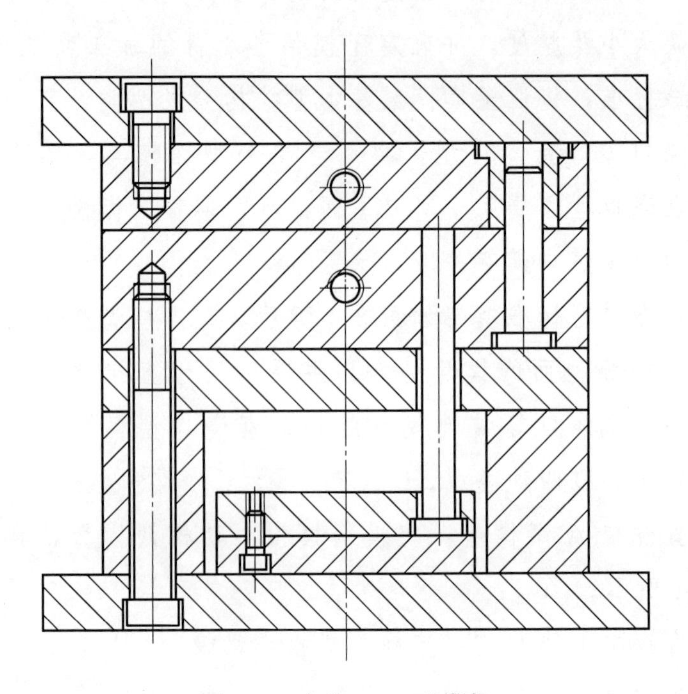

图 3-4　直浇口 A 型模架

学习笔记

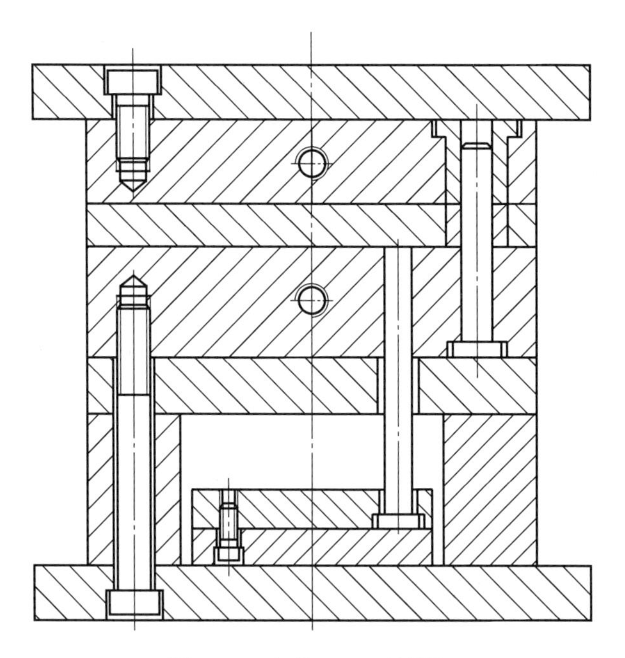

图 3-5 直浇口 B 型模架

直浇口 C 型模架：定模两模板，动模一模板，具体如图 3-6 所示；

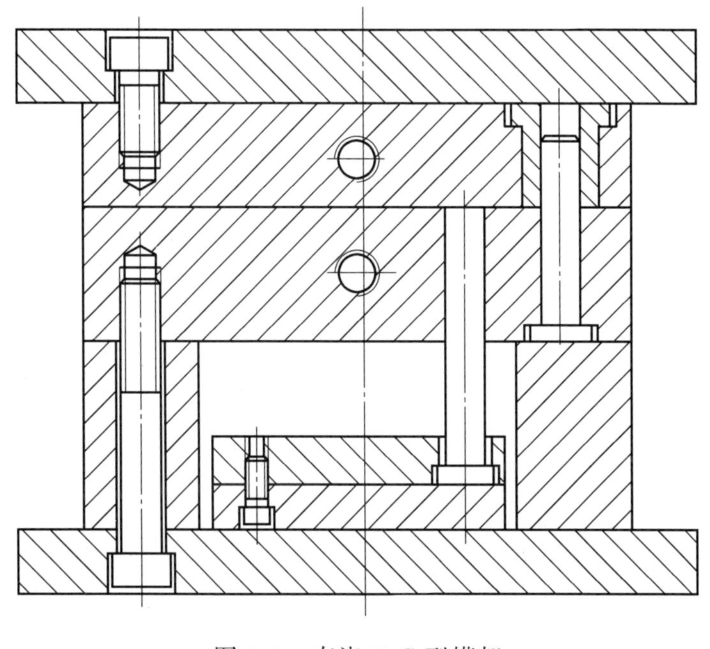

图 3-6 直浇口 C 型模架

学习笔记

直浇口D型模架：定模两模板，动模一模板，加装推件板，具体如图3-7所示。

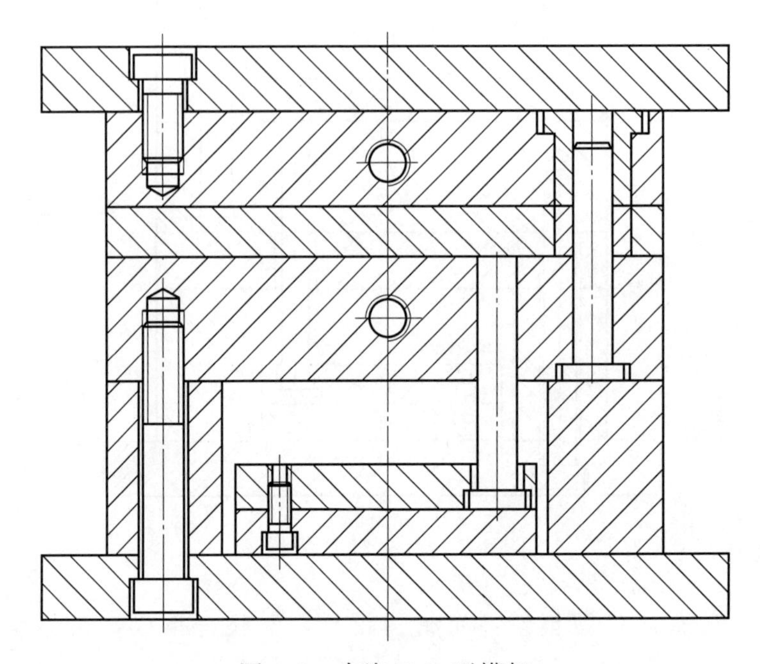

图3-7　直浇口D型模架

（2）点浇口模架

点浇口模架如图3-8所示。点浇口模架有两个分型面，分别是分型面A和分型面B。分型面A用于顶出塑件；分型面B用于脱出浇注系统的废料。点浇口标准模架可以分为四种类型，分别为DA型、DB型、DC型及DD型。

（3）模架的代号

模架标准中对不同规格型号的模架的尺寸进行了明确。为了便于使用，对各规格型号模架的代号进行了规范，主要包括模架类型代号，模板的宽度、长度，定模板、动模板、垫块的厚度。如模架代号为：

模架 A2025 50×40×70 GB/12556.1—2006

代号中，A代表模架类型为直浇口A型；2025代表模板宽度为200mm，长度为250mm；50代表定模板厚度为

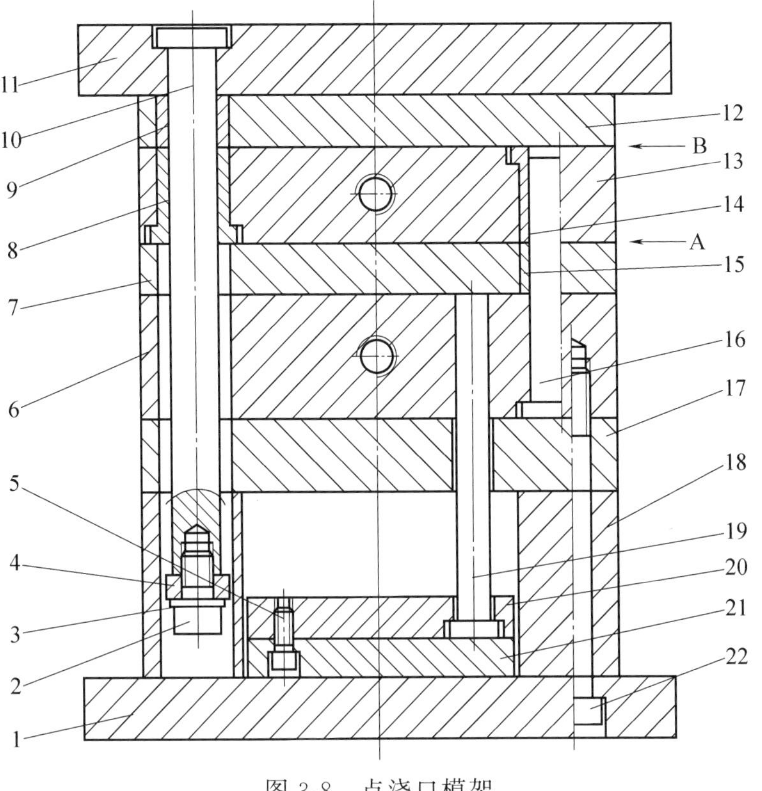

图 3-8　点浇口模架

1—动模座板；2，5，22—内六角螺钉；3—弹簧垫圈；4—挡环；6—动模板；7—推件板；8—带头导套；9—直导套；10—拉杆导柱；11—定模座板；12—推料板；13—定模板；14—带头导套；15—直导套；16—带头导柱；17—支承板；18—垫块；19—复位杆；20—推杆固定板；21—推板

50mm；40 代表动模厚度为 40mm；70 代表垫块的厚度为 70mm，最后为标准代号。

2. 注塑成型原理及成型过程

热塑性塑料加热到一定温度后变成熔融态，熔融态的塑料具有良好的流动性；当给熔融态塑料一定压力后，塑料经过浇注系统填充到模具型腔中，等温度降低固化后，开模顶出塑件，去除浇注系统废料，得到与型腔一致的塑料产品。图 3-9 为模具安装到注塑机上进行注塑的示意图。模具通过

学习笔记

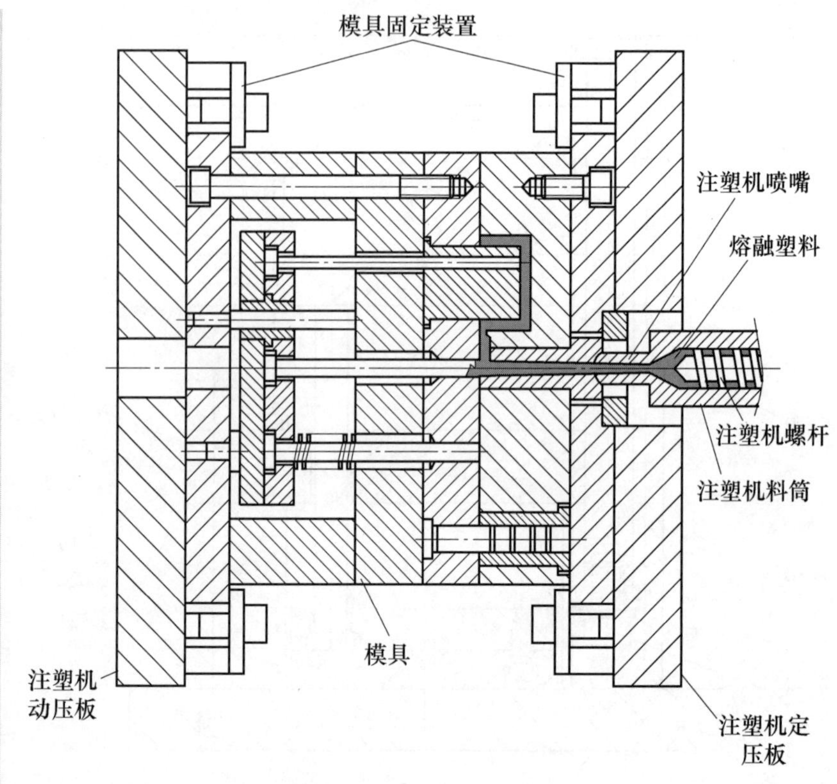

图 3-9　模具注塑示意图

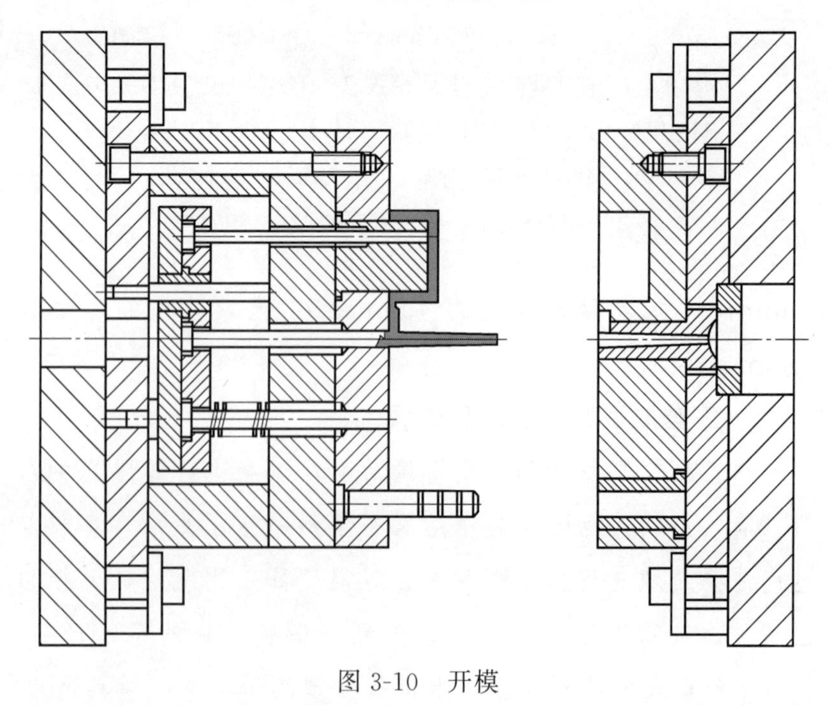

图 3-10　开模

定位环定位，固定在注塑机的压板上。塑料在注塑机料筒内加热。注塑机的螺杆旋转，向喷嘴输送熔融塑料。注射时，喷嘴与定位环凹球面紧密贴合，螺杆快速向左移动，将熔融塑料通过浇口系统充满型腔。保压冷却后，模具打开，如图3-10所示。最后顶出系统将塑件顶出，如图3-11所示。

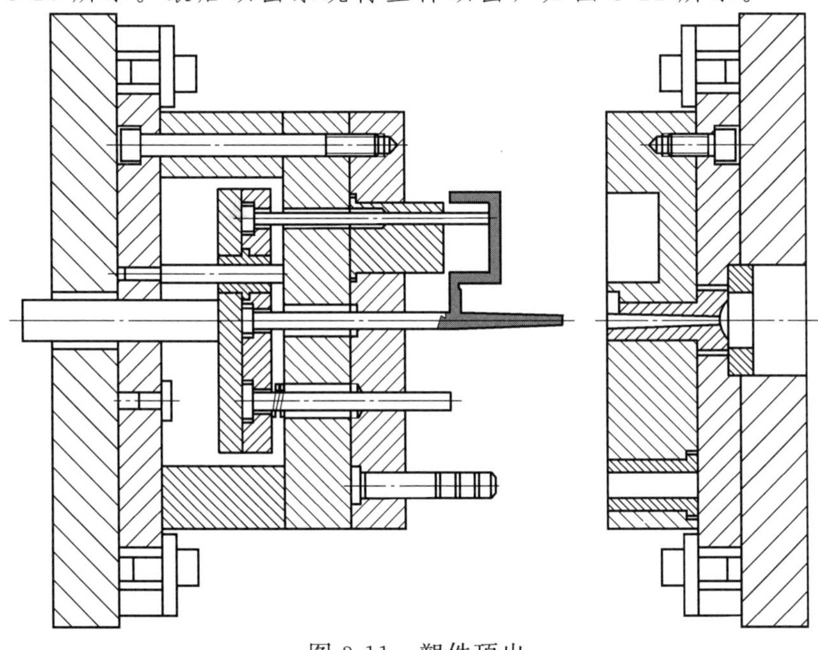

图3-11　塑件顶出

3. 模具分类

根据所使用的注塑机的不同的结构形式，注塑模具分成以下三类。

（1）立式注塑模

模具竖直安装在立式注塑机上，浇口自上而下注射，如图3-12所示。该类型模具放置活动型芯和嵌件比较方便，但是取件不方便。

（2）直角式注塑模

模具平卧安装在直角式注塑机上，熔融塑料从上方注塑机喷嘴向下注射，浇口方向与开模方向垂直，一般小型模具采用这种类型，如图3-13所示。

学习笔记

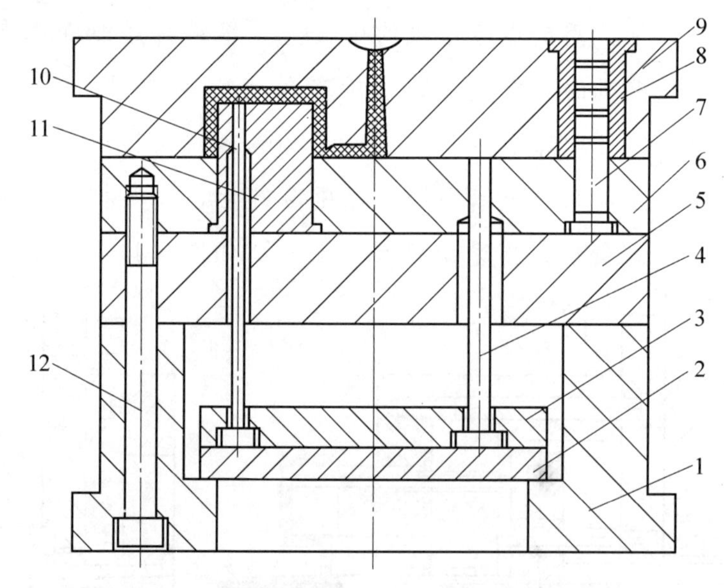

图 3-12　立式注塑模

1—动模座板；2—垫板；3—推杆固定板；4—复位杆；5—支撑板；6—动模板；7—导柱；8—导套；9—定模板；10—推杆；11—型芯；12—内六角螺钉

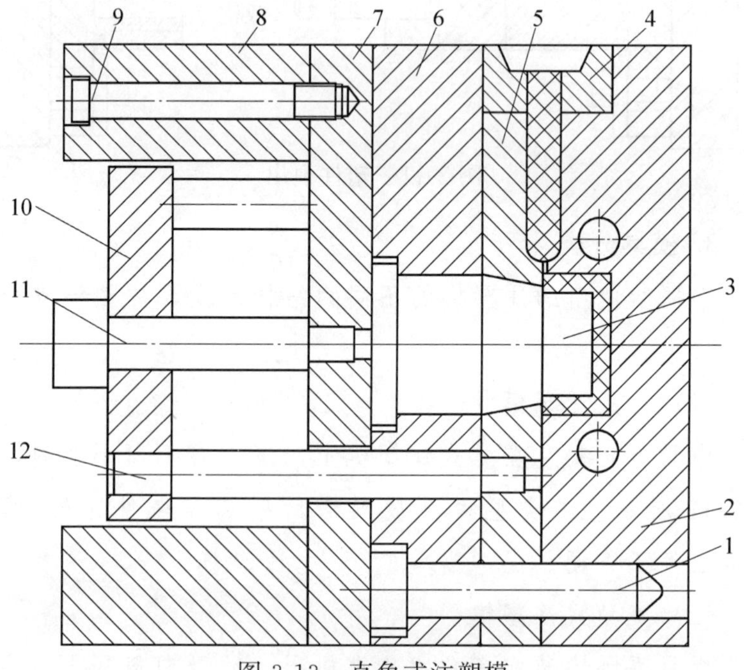

图 3-13　直角式注塑模

1—导柱；2—定模板；3—型芯；4—浇口镶块；5—推件板；6—动模板；7—支撑板；8—支承块；9—内六角螺钉；10—推板；11—限位杆；12—推杆

学习笔记

(3) 卧式注塑模

模具安装在卧式注塑机上，是注射成型中最常用的一种方式。后续将对此做详细介绍。

任务四 拆装与测量工具认知

一、认识常用拆装工具

(1) 扳手

扳手是模具拆卸与安装时常用的一种工具，是拧转螺栓、螺母等紧固件的工具。扳手的种类有很多，在模具的拆卸与安装中最常用的是内六角扳手（图 4-1）。内六角扳手也叫艾伦扳手，是成 L 形的六角棒状扳手，专用于拧转内六角螺钉。内六角扳手的规格可查阅相关标准。内六角扳手零件图如图 4-2 所示。

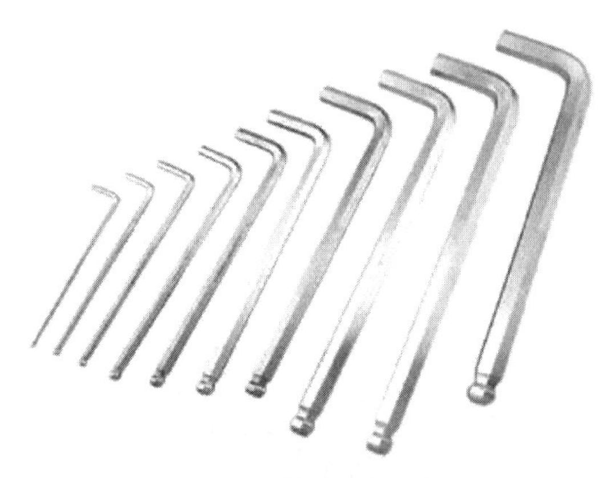

图 4-1 不同规格内六角扳手

(2) 铜棒

铜棒是由铜合金加工成的圆柱形棒材（图 4-3），主要分

学习笔记

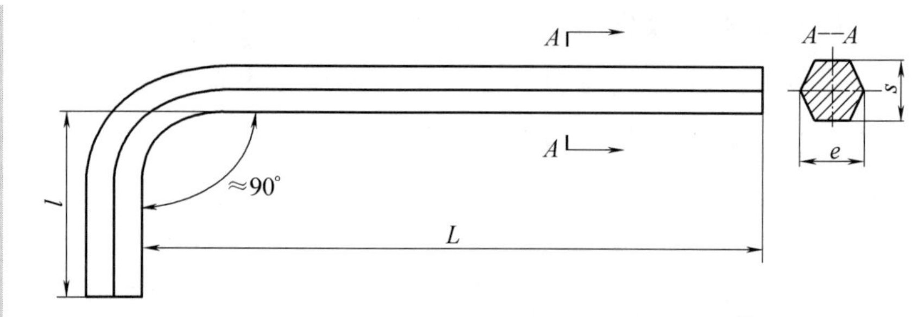

图 4-2　内六角扳手零件图

为黄铜棒（铜锌合金，较便宜）、紫铜棒（较高的铜含量）。铜棒用于模具拆卸与安装时敲打模具，是模具钳工拆卸与安装模具必不可少的工具。采用铜棒的目的是防止模具零件被打至变形，使用时用力要适当、均匀以免安装零件卡死。

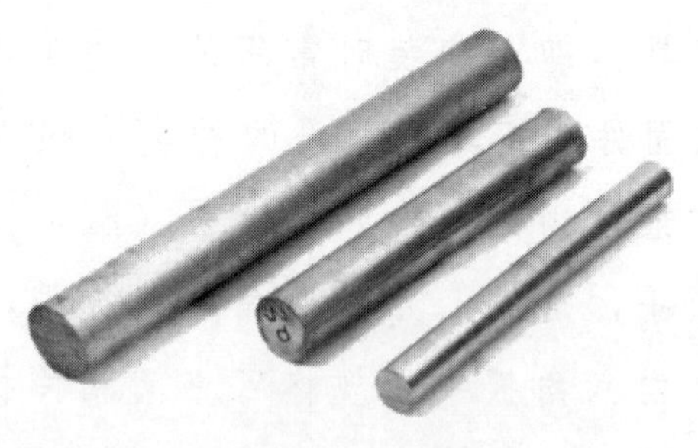

图 4-3　铜棒

（3）台虎钳

台虎钳又称虎钳（图 4-4），是用来夹持工件的夹具，通常安装在工作台上。台虎钳以钳口的宽度来标定规格，常见规格为 75～300mm。转盘式的钳体可旋转，使工件旋转到

图 4-4　台虎钳

合适的工作位置。

台虎钳由夹紧盘、转盘座、螺母、丝杠、钳口等部分组成，如图4-5所示。丝杠装在活动钳身上，与安装在固定钳身内的丝杠螺母配合。摇动手柄使丝杠旋转，可以带动活动钳身相对于固定钳身轴向移动。在固定钳身和活动钳身上，各装有钢制钳口，并用螺钉固定。钳口的工作面上有交叉的网纹，使工件夹紧后不易产生滑动。固定钳身装在转座上，并能绕转座轴心线转动，当转到要求的方向时，扳动夹紧手柄使夹紧螺钉旋紧，便可在夹紧盘的作用下把固定钳身固紧。

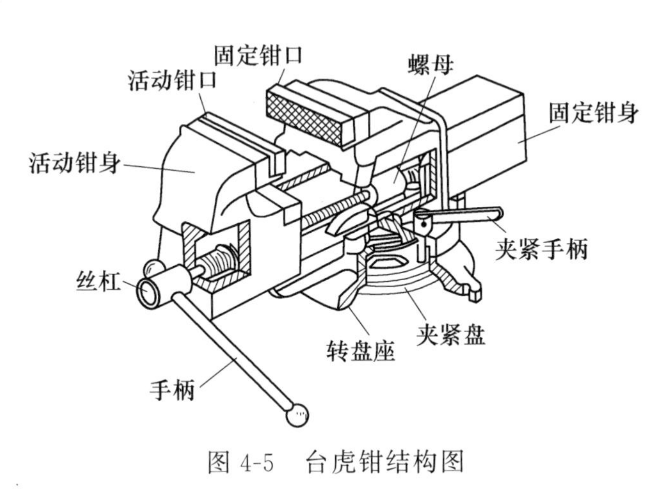

图4-5 台虎钳结构图

二、认识常用测量工具

（1）游标卡尺

游标卡尺是一种测量长度、内外径、深度的量具。游标卡尺由主尺和附在主尺上能滑动的游标尺两部分构成，如图4-6所示。从背面看游标尺是一个整体，深度尺与游标尺连在一起，可以测槽和筒的深度。

游标卡尺是比较精密的测量工具，游标卡尺的最小读数值有0.1mm（游标尺上标有10个等分刻度）、0.05mm（游

学习笔记

学习笔记

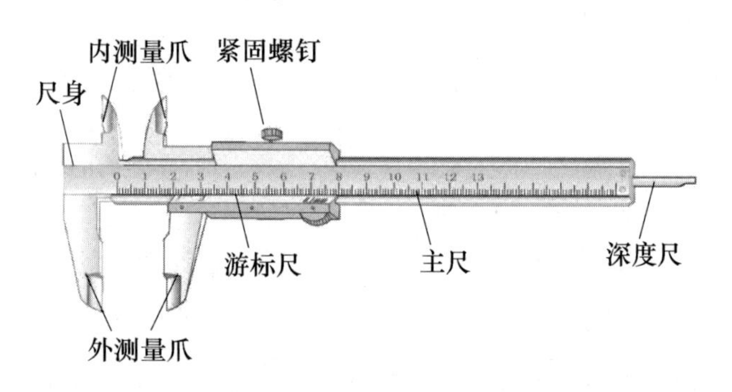

图 4-6　游标卡尺

标尺上标有 20 个等分刻度）和 0.02mm（游标尺上标有 50 个等分刻度）三种。因此游标卡尺在使用时要注意轻拿轻放，不要碰撞或跌落地下，不能用来测量粗糙的物体，以免损坏量爪；应避免与刃具放在一起；使用完毕后要用棉纱擦拭干净，长期不用时应擦上黄油或机油，将两量爪合拢并拧紧紧固螺钉，放入卡尺盒内。

（2）千分尺

千分尺又称螺旋测微器、分厘卡（见图 4-7），是比游标卡尺更精密的测量工具，用它可以精确到 0.01mm，测量范围为几个厘米。千分尺分为机械千分尺和电子千分尺（数显千分尺，如图 4-8）。在使用千分尺测量时，注意在测微螺杆快靠近被测物体时停止使用旋钮，改用微调旋钮，这样可避免产生过大的压力，既能保证测量结果准确，又能保护千分尺。

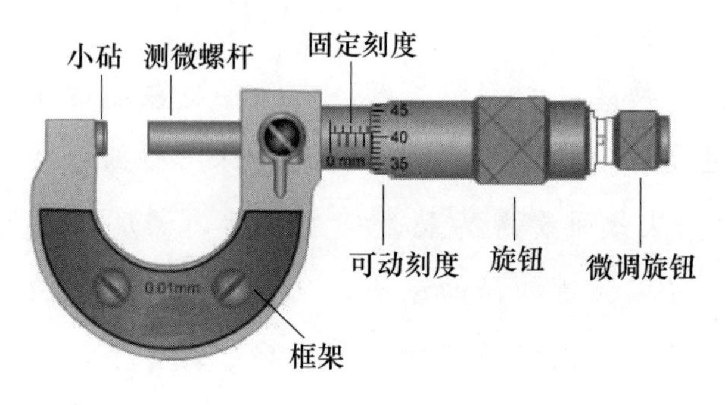

图 4-7　千分尺

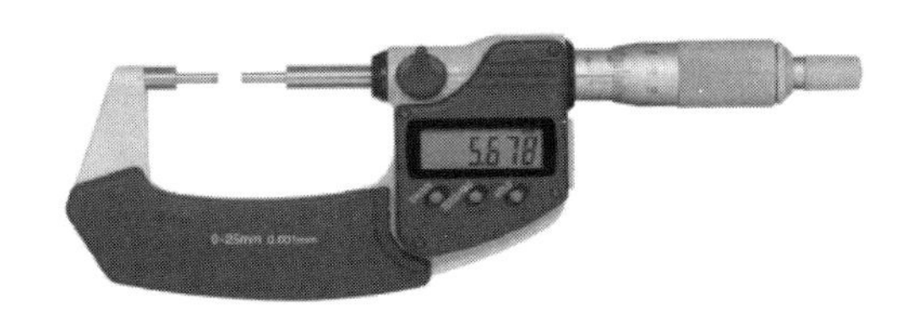

图 4-8　电子（数显）千分尺

学习笔记

【知识延伸】

1. 常用拆装工具

模具根据其尺寸大小及结构的复杂程度不同，拆卸和安装时所用到的工具种类和名称也各不相同，下面就模具常用的一些拆装工具进行介绍。

（1）吊装类工具

模具在拆卸和安装时常用到的吊装类工具有吊环螺钉、钢丝绳、手动葫芦、电动葫芦、叉车等，详细内容如表 4-1 所示。

表 4-1　吊装类工具

工具图示及名称	定义及用途	注释
吊环螺钉	吊环螺钉是一种标准紧固件，用于吊装模具、设备等重物	安装时一定要旋紧，保证吊环台阶的平面与模具零件表面贴合，根据重物的尺寸及重量选择合适的螺钉型号，保证吊环的强度足够
钢丝绳	将钢丝按照一定规则捻制在一起的螺旋钢丝束。具有很高的抗拉强度和韧性，在模具吊运、拉运等运输活动中使用	钢丝材质分为碳素钢和合金钢，通过冷拉或冷轧而成，横断面有圆形或异形（T 型，S 型，Z 型），根据使用环境条件的需求对钢丝进行适宜的表面处理

学习笔记

续表

工具图示及名称	定义及用途	注释
手动葫芦	又称链条葫芦，适用于中小型模具的短距离吊运，起重量一般不超过10t	手拉葫芦一般采用优质合金钢，安全性高。向上提升重物时顺时针拽动手动链条，下降时逆时针拽动链条。严禁超载，严禁人员站在重物下
电动葫芦	电动葫芦是一种特种起重设备，安装于天车、龙门吊之上，电动葫芦具有体积小、自重轻、操作简单、使用方便等特点。起重量一般为0.3～80t，起升高度为3～30m	分为钢丝电动葫芦和环链电动葫芦两种。一般安装在单梁起重机、桥式起重机、门式起重机上
叉车	叉车可以对成件托盘货物进行装卸、堆垛和短距离运输，模具生产中多用于大型模具的搬运	工厂多以电动叉车为主，以蓄电池为能源，电动机为动力，承载能力1.0～8.0T

学习笔记

(2) 扳手类工具

扳手根据形状和用途可分为很多种类，在模具的拆卸和安装过程中，常用的扳手类工具如表4-2所示。

表4-2 扳手类工具

工具图示及名称	定义及用途	注释
活动扳手	又称活扳手，用来紧固和起松不同规格的螺母和螺栓。由头部和柄部构成，头部由活动扳唇、呆扳唇、扳口、蜗轮和轴销构成，旋转蜗轮可调节开口宽度	通用性强，用于公制和英制螺栓、螺母
呆扳手	呆扳手又称开口扳手，它的一端(单头呆扳手)或两端(双头呆扳手)带有固定尺寸的开口，其开口尺寸与螺钉头、螺母的尺寸相适应，并根据标准尺寸制作而成	呆扳手一般由优质中碳钢或优质合金钢整体锻造而成，尺寸精度高，抗打击能力强，经久耐用
梅花扳手	梅花扳手两头为花环状，两头花环不一样大。其内孔的两个正六边形相互同心错开30°。梅花扳手一般有弯头，弯头角度在10°～45°，这种结构便于拆卸装配在凹陷空间的螺栓、螺母	梅花扳手常用在补充拧紧和类似操作中，可以对螺栓或螺母施加大扭矩，但严禁将加长的管子套在扳手上增加力矩

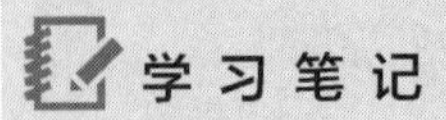

续表

工具图示及名称	定义及用途	注释
套筒扳手	也称为套筒，由多个带六角孔或十二角孔的套筒以及手柄、接杆等组成，特别适用于空间狭小处或凹陷深处的螺栓或螺母的拧转	套筒扳手用于螺母端或螺栓端完全低于被连接面，且凹孔的直径太小，不能用活动扳手、呆扳手、梅花扳手操作，或者螺栓件空间受限制的情况

（3）螺钉旋具类工具

螺钉旋具是一种用来拧转螺丝以使其就位或松动的常用工具，也是拆卸和安装模具时较常用的一类工具。螺钉旋具的种类有很多，在拆装模具时常用的螺钉旋具有一字螺钉旋具、十字螺钉旋具、内六角螺钉旋具和电动螺钉旋具等，详细内容如表4-3所示。

表4-3　螺钉旋具类工具

工具图示及名称	定义及用途	注释
一字螺钉旋具	一字螺钉旋具用于拧紧或松出头部具有一字形沟槽的螺钉	将螺钉旋具的一字端头对准螺钉顶部的一字形沟槽并嵌入固定，然后旋转手柄，顺时针方向旋转为拧紧，逆时针方向旋转为松出（极少数情况下相反）
十字螺钉旋具	十字螺钉旋具用于拧紧或松出头部具有十字形沟槽的螺钉	将螺钉旋具的十字端头对准螺钉顶部的十字形沟槽并嵌入固定，然后旋转手柄，顺时针方向旋转为拧紧，逆时针方向旋转为松出（极少数情况下相反）

学习笔记

续表

工具图示及名称	定义及用途	注释
内六角螺钉旋具	内六角螺钉旋具用于拧紧或松出头部具有内六角沟槽的螺钉	内六角螺钉旋具与内六角螺钉之间有6个接触面,受力均匀且不容易损坏。可与内六角扳手配合拧紧或松出深孔中螺钉
电动螺钉旋具	电动螺钉旋具是以电动马达代替人手拧紧或松出螺丝的电动工具。电动螺钉旋具通常是多种刀头的组合套装	电动螺钉旋具属于电动类工具,在更换刀头时一定要将电源插头拔离电源插座,且关闭电动螺钉旋具开关

(4) 其他常用工具

在模具的拆卸和安装过程中，除了以上几类工具外，也经常会用到液压千斤顶、吹尘枪等工具，如表4-4所示。

表4-4 模具常用其他拆装工具

工具图示及名称	定义及用途	注释
丝锥	丝锥是一种加工内螺纹的工具,按照形状可以分为螺旋槽丝锥、刃倾角丝锥、直槽丝锥和管用螺纹丝锥等	机用丝锥适用于在机床上攻螺纹;手用丝锥适用于手工攻螺纹

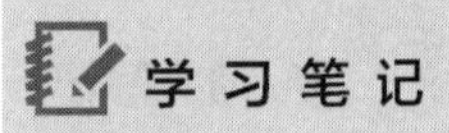

续表

工具图示及名称	定义及用途	注释
铰刀	是具有直刃或螺旋刃的旋转精加工刀具，用于扩孔或修孔，切削量少，加工精度高于钻头	用于孔的精加工和半精加工，加工余量小
锉刀	表面上有许多细密刀齿，用于锉光工件	按照锉身处的断面形状不同，可以分为扁锉、半圆锉、三角锉、方锉、圆锉等
研磨机	研磨机常用于机械式研磨、抛光及打蜡	工作时，要将研磨机把持平稳，缓慢接触打磨面，切勿突然将旋转的砂轮接触打磨面，以免崩坏砂轮，飞击伤人

续表

工具图示及名称	定义及用途	注释
超声波抛光机	超声波抛光机可用于模具抛光和整形	在使用时可根据需要更换不同的抛光头

学习笔记

2. 常用测量工具

除了游标卡尺和千分尺之外，在模具零件的测量过程中还会用到表4-5所示一些其他的测量工具。

表4-5　测量工具

工具图示及名称	定义及用途	注释
万能角度尺	又称角度规、游标角度尺、万能量角器，测量工件内、外角及进行划线的一种量具	万能角度尺的读数机构是根据游标原理制成的。主尺刻线每格为1°，游标的刻线是取主尺的29°等分为30格，因此游标刻线角格为29°/30，即主尺与游标一格的差值为2′，也就是说万能角度尺读数精确度为2′
量块	是一种无刻度的标准端面量具，主要用作中间标准量具，或作为标准件来调整仪器的零位	量块的横截面多为矩形。量块形状简单，耐磨性好，使用方便；可以组合使用

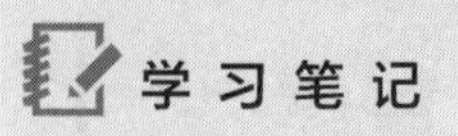

续表

工具图示及名称	定义及用途	注释
直角尺	直角尺又称角尺、靠尺，是检验和划线工作中常用的量具，用于检测零件的垂直度或工件相对位置的垂直度	直角尺按材质分为铸铁直角尺、铝镁直角尺和花岗岩直角尺。直角尺只能读出毫米数，因此测量结果精度较低

任务五 模具拆卸

一、准备工作

① 按照车间及实验室要求着装：穿好工作服、防砸劳保鞋，戴好安全帽及手套。注意衣袖袖口要扣好。

② 将拆装工作台工作区域杂物清理干净，然后擦干净，保持台面整齐整洁。可以根据工作条件或按照图 5-1 对工作台进行分区，将工作台分为作业区、工具区、量具区、图纸区及零件存放区。检查工具车内工具、量具，查看所需拆装工具是否齐全。所需拆装工具包括内六角扳手、套筒、铜棒、防锈剂、抹布等；所需量具为游标卡尺。将用到的工具和量具分别整齐摆放到工作台的工具区和量具区。

③ 准备螺钉等细小物件分类整理盒（参考图 5-2），将其放在零件存放区，以分类存放螺钉、密封圈等小零件。

④ 熟悉图纸，了解模具结构，明确工作任务。

打开模具装配图，如图 5-3 所示。

然后看标题栏，了解模具图的名称、比例、画图视角，

学习笔记

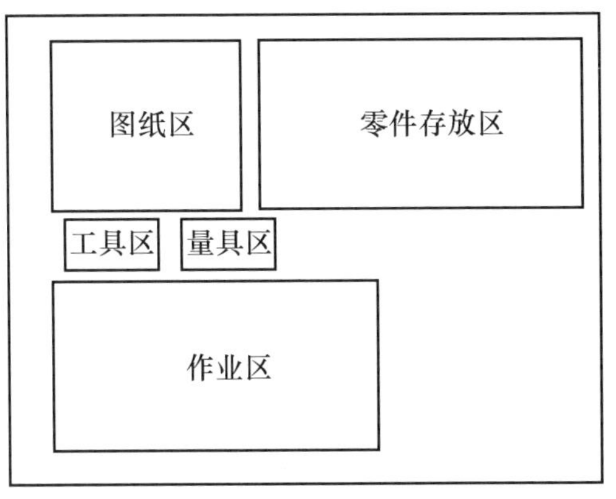

图 5-1 工作台分区参考

图 5-2 分类整理盒

如图 5-4 所示。这些信息对看图很重要。从图中可以看出，此模具产品为一塑料盖，为注塑模具；装配图采用第一角法；比例为 1∶1。

然后看动、定模的俯视图及仰视图，了解模具大小尺寸及模具的基准，见图 5-5。从图中可以看出，模架长宽尺寸为 230mm×200mm，基准在有直角符号的两侧。

然后看模具剖视图，了解模具闭合高度、动模板及定模板厚度、垫块的高度，如图 5-6 所示。从图中可以知道模具闭合高度为 201mm，动、定模板厚度为 50mm，垫块厚度为 60mm。从模架看，可以看出是直浇口 C 型模架，属于两板模，模架型号为：

C2320 50×50×60　GB/T 12556—2006

学习笔记

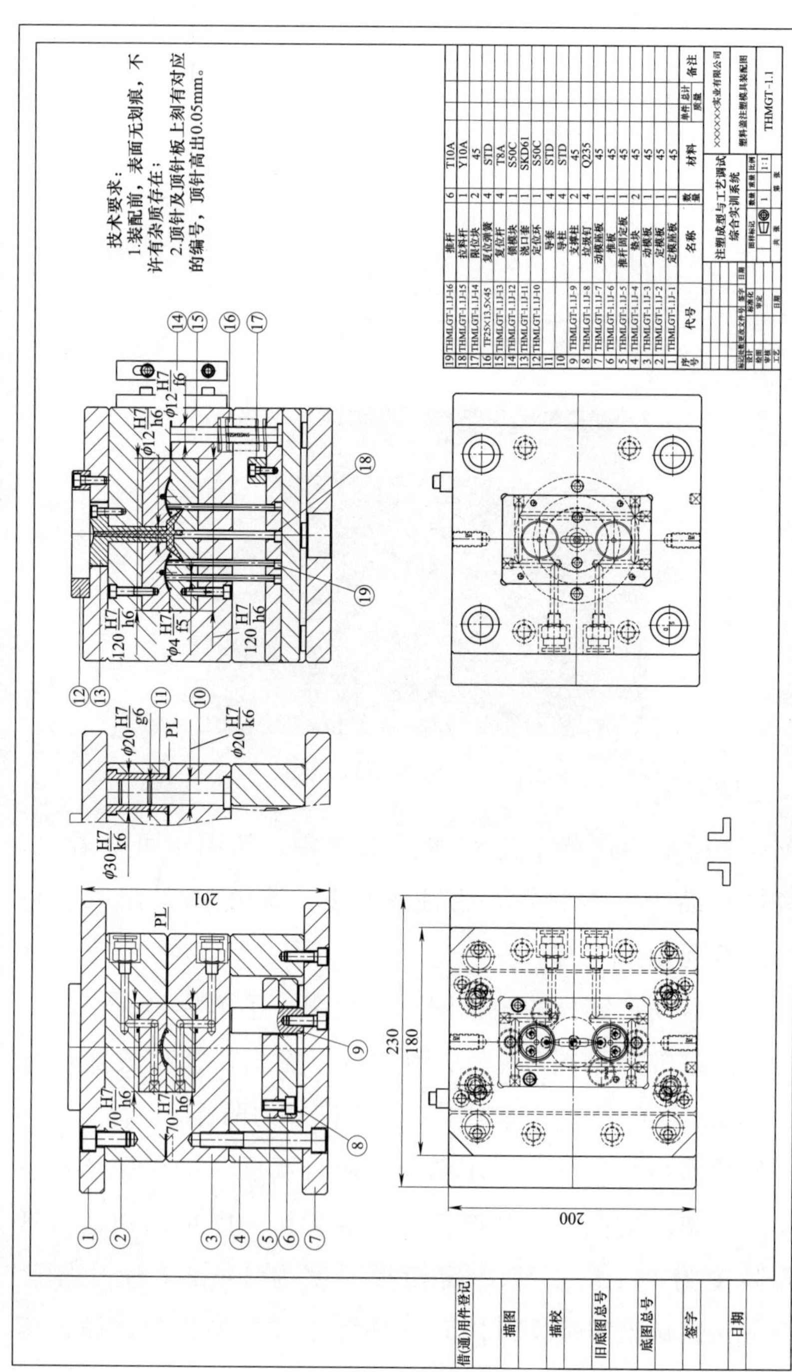

图 5-3 模具装配图

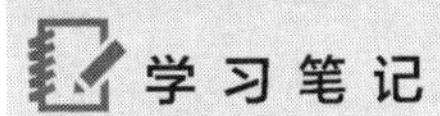

					注塑成型与工艺调试 综合实训系统				××××××实业有限公司
标记	处数	更改文件号	签字	日期					塑料盖注塑模具装配图
设计		标准化			图样标记	数量	重量	比例	
制图		审定				1		1:1	THMLGT-1.1
审核									
工艺		日期			共　张		第　张		

图 5-4　装配图标题栏

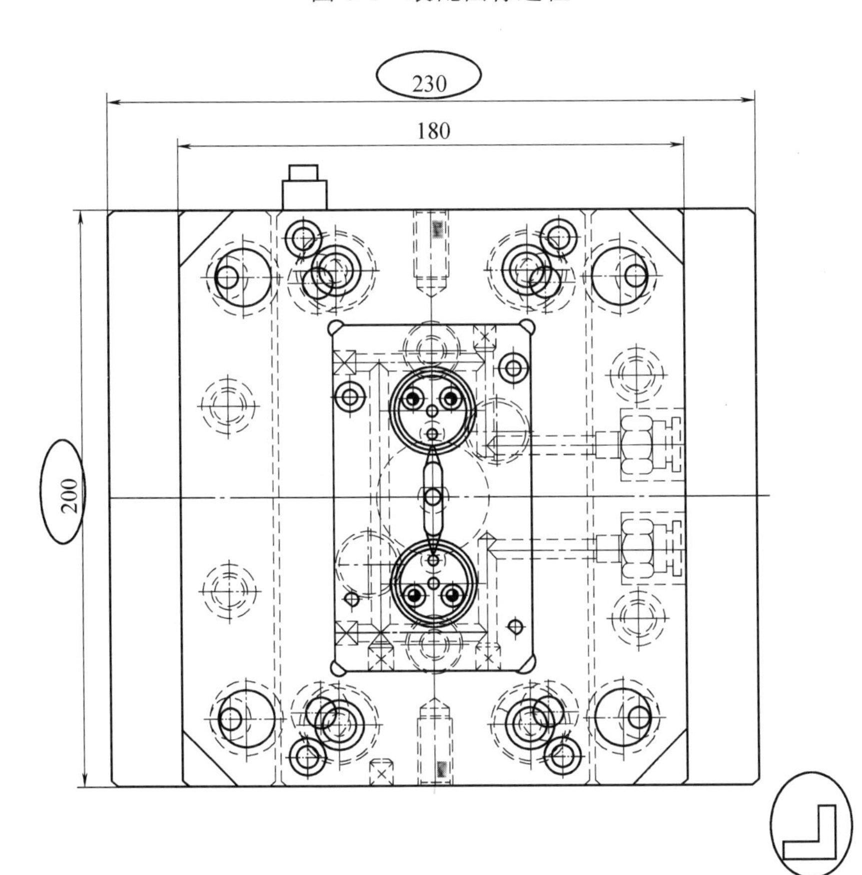

图 5-5　装配图中动模俯视图及定模仰视图

观察剖视图的截面，找到产品的截面，确定分型面，从而确定动模部分和定模部分，如图 5-7 所示。图中中间打有网格线的就是产品截面图，分别由动、定模的成型镶块成型，分型面就是动、定模相互接触的表面。找到分型面后，模具就可以清楚地分为动模部分及定模部分。

学习笔记

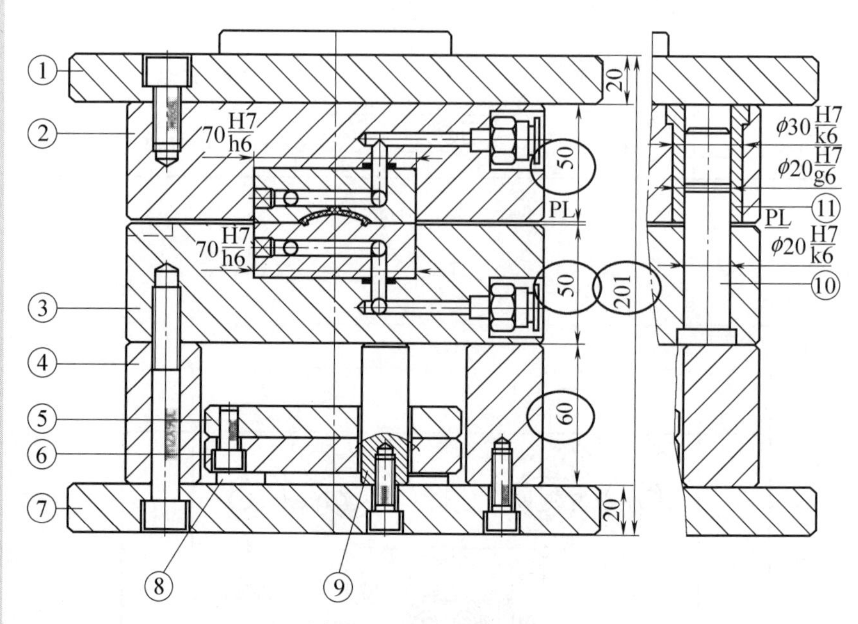

(a) 主视图及导向局部剖视图

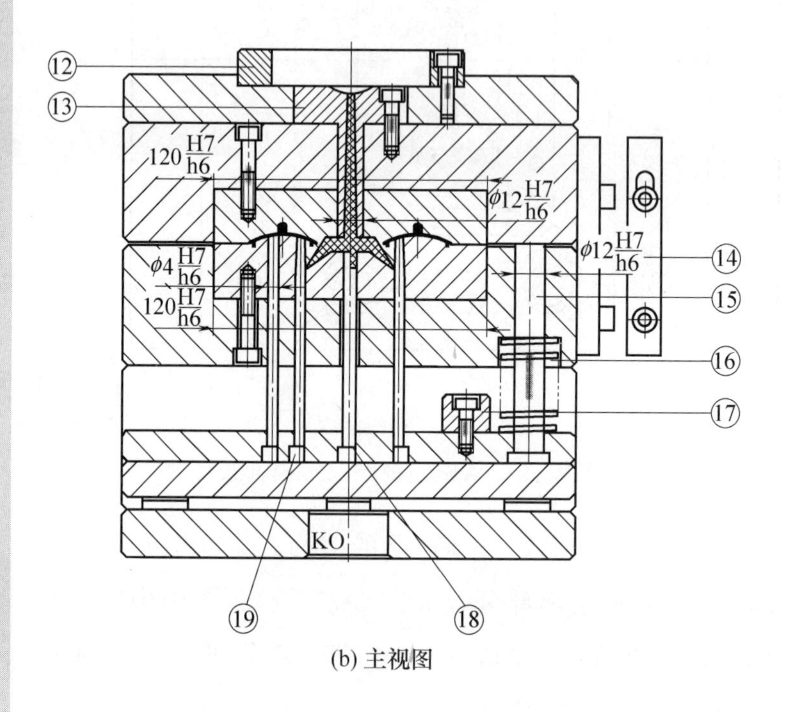

(b) 主视图

图 5-6　模具剖视图

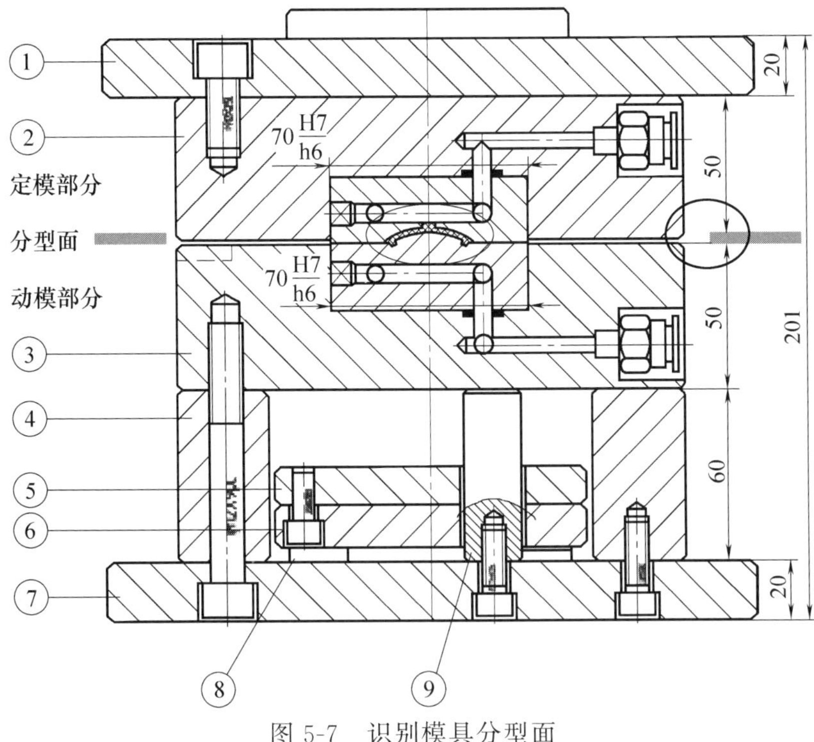

图 5-7 识别模具分型面

根据注塑模具成型原理，找到模具浇注系统及顶出系统，确定浇口类型及顶出方式，如图 5-8 所示。从图中可以看出一模两腔，采用潜伏式浇口，顶出系统采用推杆顶出。

结合俯视图及剖视图，了解模具导向部分、辅助连接部分，然后查看零件序号及明细表（见图 5-9），确定各零件名称及数量。

查看技术要求，了解模具拆卸是否有特殊的要求。

确定模具各部分的连接关系及连接方式，相关配合部分是否有紧配合。图 5-10 为装配图中主要的配合。从图中可以看出，成型镶块及浇口套的定位采用过渡配合，配合关系为 H7/h6，最小间隙为零；导柱导套的定位采用 H7/k6 的过渡配合，有小过盈或小间隙；导柱导套采用间隙配合，配合关系为 H7/g6；推杆及复位杆前端采用间隙配合，配合关系为 H7/f6。

学习笔记

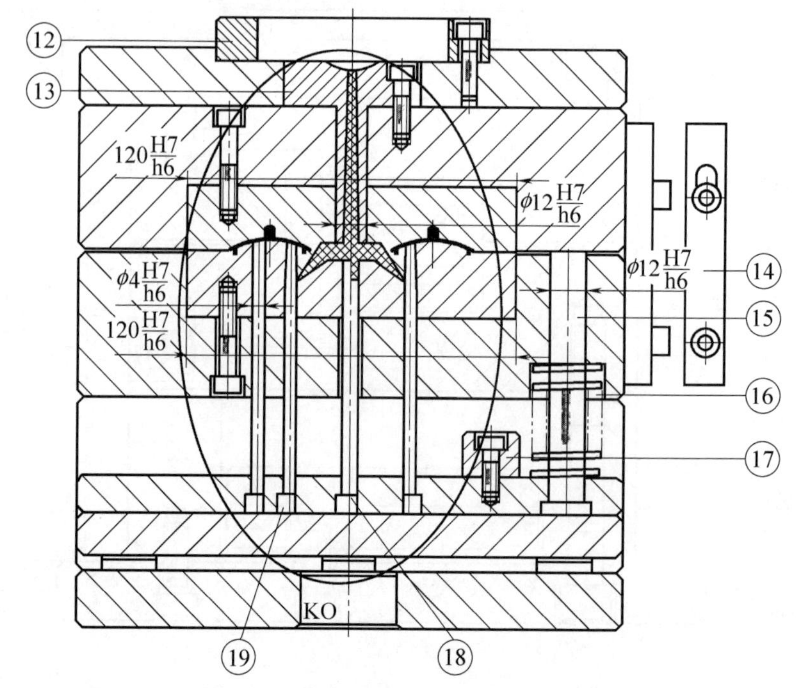

图 5-8 模具浇注系统及顶出系统

19	THMLGT-1.1J-16	推杆	6	65Mn			
18	THMLGT-1.1J-15	拉料杆	1	65Mn			
17	THMLGT-1.1J-14	限位块	2	S50C			
16	TF25×13.5×45	复位弹簧	4				
15	THMLGT-1.1J-13	复位杆	4	65Mn			
14	THMLGT-1.1J-12	锁模块	1	S50C			
13	THMLGT-1.1J-11	浇口套	1	SKD61			
12	THMLGT-1.1J-10	定位环	1	S50C			
11		导套	4				
10		导柱	4				
9	THMLGT-1.1J-9	支撑柱	2	S50C			
8	THMLGT-1.1J-8	垃圾钉	4	S50C			
7	THMLGT-1.1J-7	动模座板	1	S50C			
6	THMLGT-1.1J-6	推板	1	S50C			
5	THMLGT-1.1J-5	推杆固定板	1	S50C			
4	THMLGT-1.1J-4	垫块	2	S50C			
3	THMLGT-1.1J-3	动模板	1	S50C			
2	THMLGT-1.1J-2	定模板	1	S50C			
1	THMLGT-1.1J-1	定模座板	1	S50C			
序号	代号	名称	数量	材料	单件	总计	备注
					质量		

图 5-9 零件明细表

学习笔记

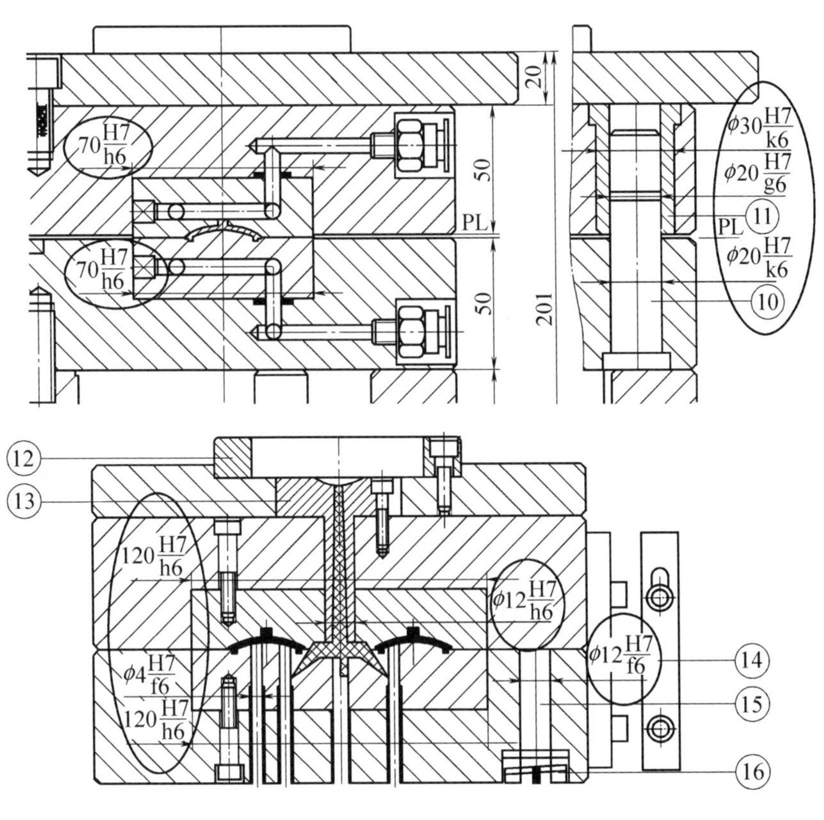

图 5-10 装配图中主要配合

在熟悉了模具结构后，根据图纸讲述主要拆装步骤。大体步骤为先将动、定模分开，定模部分依次拆定位环、定模座板、浇口套、成型镶块，动模部分先拆动模座板，然后拆顶出系统、垫块，最后拆成型镶块。

二、模具的吊装

用手将吊环旋入动模板侧面的起吊螺纹孔中，注意吊环要拧到吊环止口面，与动模板对应平面紧密贴合，如图 5-11 所示。注意：吊装前要检查吊索具是否变形、开裂；不要使用定模板上的起吊螺纹孔（图 5-11 中画×的孔），否则模具起吊时不平衡；操作时，注意周围人、物安全，行进时应注意高度。

学习笔记

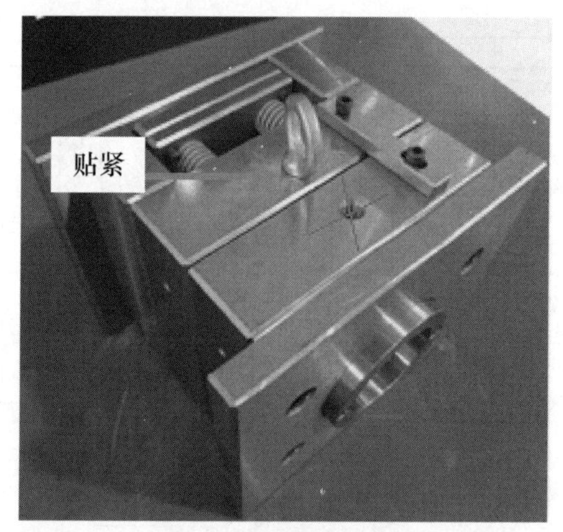

图 5-11　旋入吊环

三、拆分模具

① 拆卸锁模块。取下吊环，将内六角扳手短端放入内六角螺钉孔中，逆时针旋转扳手，拧松 1～2 圈；用同样方法拧松另一个螺钉。然后将内六角扳手长端放入内六角螺钉的孔中，快速拧出螺钉，拆下锁模片，并将其摆放整齐，以便后续安装。最后螺钉放入分类箱中。如图 5-12 所示。

图 5-12　拆卸锁模块

学习笔记

②用铜棒敲击定模座板四角，使模具均匀打开，直至动、定模完全分离。注意观察四个角分型面打开距离是不是一致，防止卡滞。如果难以判断卡滞位置，可以用游标卡尺测量四个角分型面的打开距离，打开距离小的一侧一般有卡滞，在此侧轻轻敲击，使分型面打开的宽度一致；如果难以打开，可以将分型面打开较大的一侧往开模的反方向敲击，使之退回，再均匀用力对角循环敲击，如图5-13与图5-14所示。

图5-13　用铜棒敲击定模座板四角

图5-14　动、定模分开

学习笔记

四、定模部分拆卸

① 使用内六角扳手拧松两个紧固内六角螺钉，然后快速拆卸掉螺钉，取下定位环，如图 5-15 所示。

图 5-15　取下定位环

② 按对角顺序拧松定模板固定螺钉，先分别拧松半圈，然后按对角顺序逐步拧松 1～2 圈。拧松感觉不到阻力时，快速逐个拆卸螺钉，分离定模座板与定模板，如图 5-16 所

图 5-16　定模座板拆卸

学习笔记

示。如果采用内六角扳手长端加力依然拧不动，可以加套筒，加长力臂，增大扭矩。

③ 使用内六角扳手拆卸浇口套固定螺钉，在分型面一侧用推杆一端顶住浇口套，用铜棒敲击推杆另一侧，使浇口套退出定模板，取出浇口套，如图 5-17 所示。注意浇口套配合是过渡配合，可能存在小过盈量，用力要均匀；一旦浇口套开始移动，减小敲击力度，让浇口套缓慢退出；浇口套退出镶块后，可以用手直接取出。

图 5-17　浇口套拆卸

④ 拆卸型腔镶块紧固螺钉，将工艺螺钉锁入拆卸后的螺钉孔中（注意一定要锁到底，防止损坏螺纹），铜棒轻轻敲击工艺螺钉，按对角顺序交替进行，使型腔镶块平稳退出定模板，如图 5-18 所示。在型腔镶块全部脱出前，要用手托住型腔镶块，然后取下工艺螺钉，取出型腔镶块。注意控制铜棒敲击力度及型腔镶块退出的位置，防止用力过猛，型腔镶块突然掉出，损害型腔镶块或发生伤人事故。

⑤ 取下型腔镶块，平放在桌面上，并取下密封圈，将密封圈放入分类整理盒中（见图 5-19）。

学习笔记

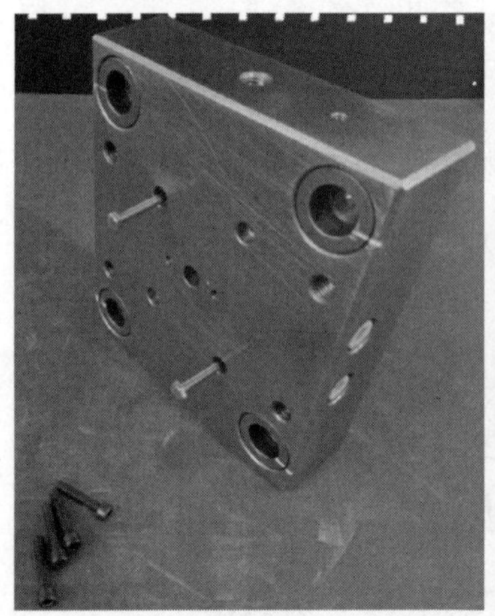

图 5-18 型腔镶块拆卸

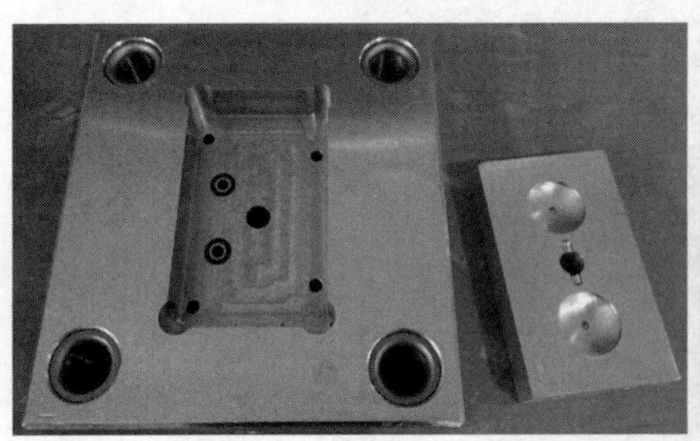
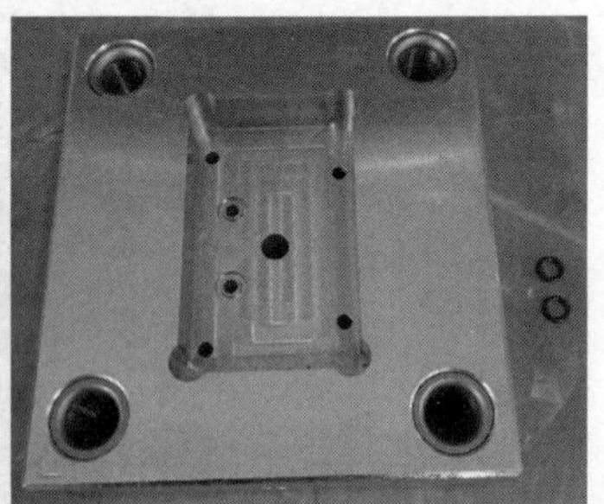

图 5-19 取下密封圈

⑥ 完成定模部分的拆卸后，将零件喷上防锈剂，进行防锈处理，如图 5-20 所示。然后将各零件放入零件存放区。注意平放，严禁侧面放置在工作台上，防止突然倾倒伤人或损伤零件。

五、动模部分拆卸

① 使用内六角扳手拆卸动模座板与动模板固定长螺钉，注意要对角交替逐渐拧松各个螺钉，取下动模座板组件，如图 5-21 所示。若无特殊需求，动模座板、垫块以及支撑柱

学习笔记

图 5-20 喷防锈剂

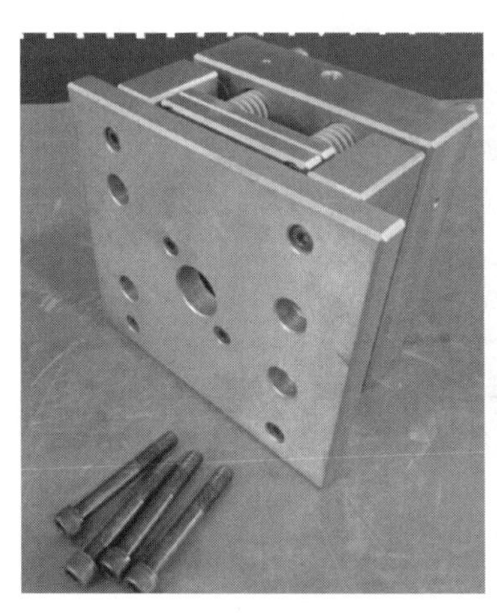

图 5-21 拆卸动模座板

可不进行拆卸分开。

② 抽出顶出机构，取下弹簧，并拆卸推杆垫板与推杆固定板的固定螺钉，见图 5-22，若无特别需求，垃圾钉可不进行拆卸。

③ 在取下推杆前，先检查推杆头部是否有形状差异或长短差异，若有，检查推杆底部标记（如图 5-23）。取下推杆、复位杆，见图 5-24。

学习笔记

图 5-22　顶出机构拆卸

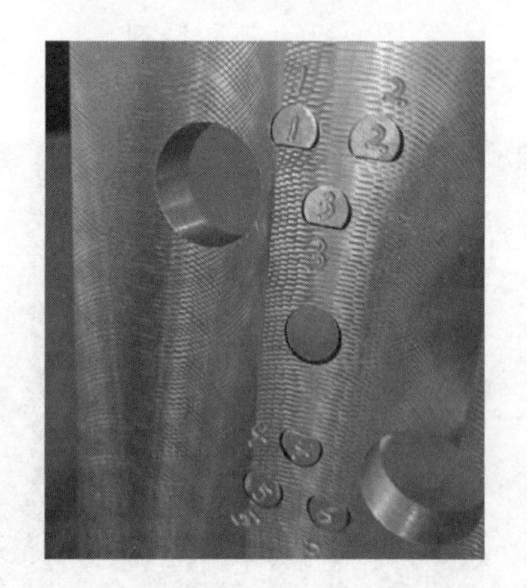

图 5-23　检查推杆标记

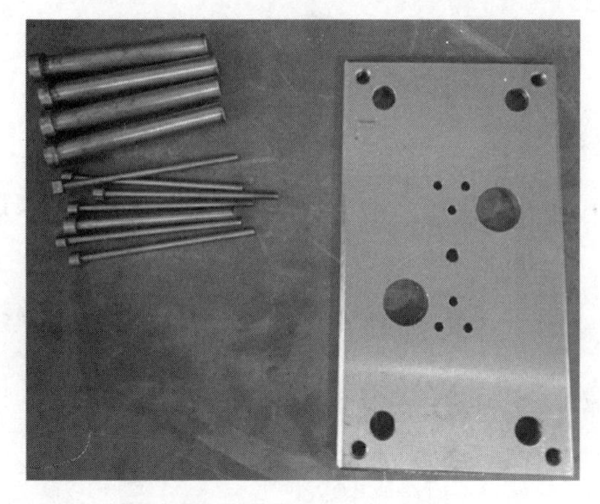

图 5-24　拆卸推杆、复位杆

④ 拆卸动模板上型芯镶块固定螺钉，将工艺螺钉锁入拆卸后的螺钉孔中（使用工艺螺钉时，一定要锁到底，以防损坏螺纹），铜棒轻轻敲击工艺螺钉另一端，交替进行，使型芯镶块平稳退出动模板。注意在镶块脱出时托住镶块，防止突然脱出磕伤零件。见图 5-25。

图 5-25 型芯镶块拆卸

⑤ 取下型腔镶块，平放在桌面上，并取下密封圈（见图 5-26），将密封圈放入分类整理盒中。

图 5-26 取下密封圈

⑥ 完成动模部分的拆卸，喷防锈剂，进行防锈处理，如图 5-27 所示。

⑦ 模具拆卸完成后，将零件分类，整齐存放在零件存放区，对照装配图的明细表清点零件数量，确认无误后整

学习笔记

图 5-27　喷防锈剂

理工具及量具，清理后放入工具车中，叠好图纸，收拾现场。

【知识延伸】

1. 两板模模具拆卸注意事项

① 拆卸多个固定螺钉时，应先按对角均匀拧松各个零件一到两圈，然后按照此方法继续拧松螺钉，直到螺钉没有受力，然后逐个拧出螺钉。

② 用辅助推杆从螺钉沉头孔顶出镶块时，辅助推杆直径小于沉头孔直径0.5～1mm，端面平整，使其断面与镶块底面稳定接触。不可用过小直径的推杆顶在螺牙上，以免损坏螺纹孔。在使用铜棒敲击辅助推杆时不可用力过大，要遵循对角原则，在各个螺钉孔位置均匀用力。注意观察镶块退出情况，使镶块均匀退出。镶块脱出时，要托住镶块，防止突然落出磕伤工件或人员。

③ 多个螺钉紧固连接时，拆卸时先按照对角原则逐个拧松两圈，然后均匀卸载。

④ 拆卸下来的零件要进行表面清理，易生锈零件作防

锈处理。

⑤ 拆卸后零件要分类整齐摆放。

2. 两板模模具拆卸安全注意事项

① 按照模具拆装现场相关要求着装。

② 模具吊起转移时，确保吊环拧入到位，吊钩与吊环连接必须稳定可靠。

③ 模具吊起或落下时，要保证模具缓慢竖直升起或降下，防止吊具的中心与模具起吊点竖直线发生大偏差，导致模具吊起时侧向摆动伤人。

④ 用铜棒敲击模具零件时，防止伤手及周围人。

⑤ 采用铜棒敲击推出镶块时，当镶块脱出时要接住镶块，防止脱出时掉落伤人或损坏零件。

任务六 模具保养

模具在连续工作中，型腔、型芯、滑块、顶杆、导套等零部件容易磨损，因此需要根据需求进行保养和维护。

一、成型零部件的保养

① 去除成型零部件的锈迹。用砂纸和油石打磨成型零部件表面，以去除锈迹，如图 6-1 所示。注意使用高目数的砂纸和油石，目数越大越细腻；防止过度打磨，破坏表面质量精度。

② 去除型腔和型芯上的油污。先将模具清洗剂喷在棉花上，然后用棉花对油污部位擦拭，再用气枪吹干。

③ 喷涂足量的蜡性防锈剂。

学习笔记

学习笔记

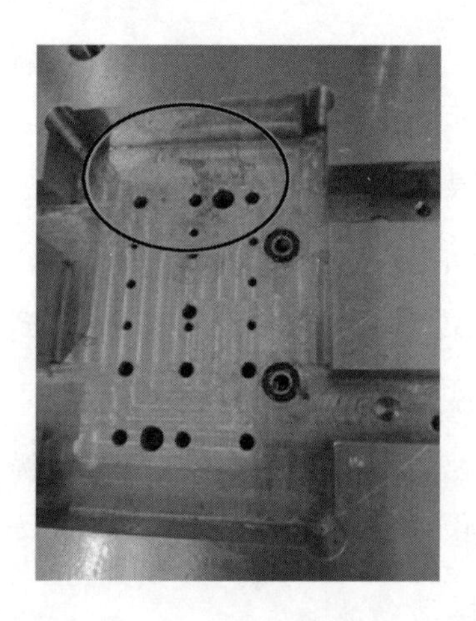

图 6-1　零件表面锈迹

二、导柱的保养

① 用干净的抹布清除导柱表面残留的污油（含油环内残油）。

② 用砂纸打磨导柱表面锈迹。如图 6-2 所示为导柱表面锈迹。

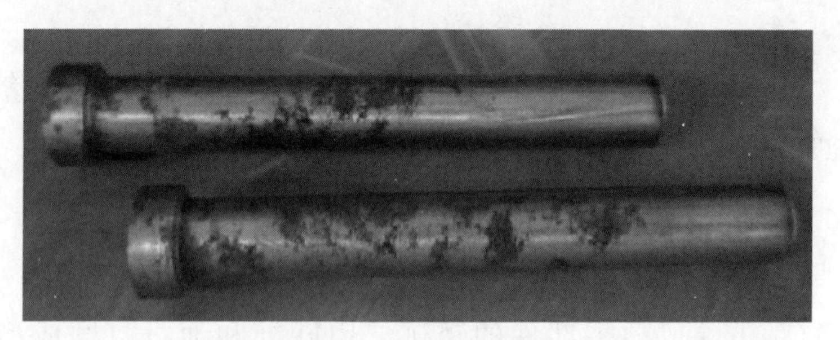

图 6-2　导柱表面锈迹

③ 用手指将黄油均匀涂抹在导柱的四周。

三、顶针的保养

① 用干净的抹布蘸清洗剂将顶针擦拭干净。顶杆表面锈迹如图 6-3 所示。

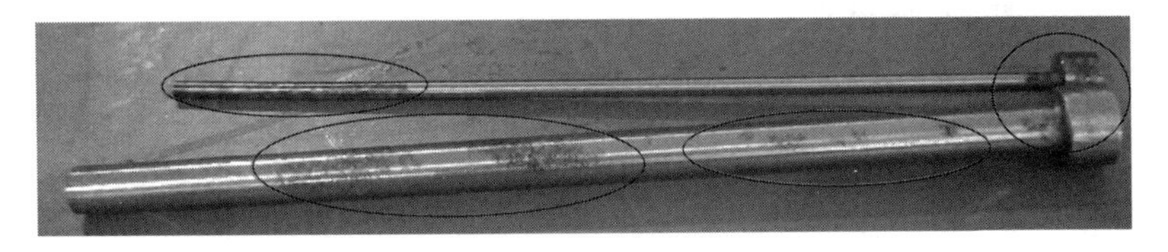

图 6-3 顶杆表面锈迹

② 用砂纸打磨导柱表面以去除锈迹。

③ 更换头部有损伤的顶针。

学习笔记

【知识延伸】

1. 模具生产前的保养方法

① 模具组装之前，查看成型零部件、滑块、导柱、边锁等是否有异常；查看模具是否漏水、分型面是否有料屑等。

② 把滑块、导柱、顶针、复位杆擦干净，均匀擦上黄油。

③ 将模具连续开合模多次，观察模具是否异常（如有异常通知技术人员处理），如无异常，则将模具合模，清理周边水渍、油污，整理工具。

2. 模具生产中的保养方法

① 在正常生产中，模具的分型面要保持干净，可用气枪吹型腔型芯部分，避免残胶或异物压伤模面，同时保证产品排气顺畅。

② 模具连续生产一定时间后，若运动部件磨损，或者出现润滑油变质、漏水腐蚀、塑料分解腐蚀等现象，需要拆下模具进行保养。主要包括：

a. 除锈（型腔、型芯、顶针、滑块等）；

b. 顶出机构、滑块等用干净抹布擦干，重新喷涂润滑剂；

学习笔记

c. 更换磨损件。

3. 停机时的模具保护

① 短时停机应关闭冷却水，降低料温，关闭马达；下班以及短期放假停机时，要关闭水阀，吹干模具内外的残留水。

② 喷足量的蜡性防锈剂，停机时前后模具要处于合模状态，但不能使用高压锁模，前后模保持一定距离。

③ 关闭马达。

④ 对于长时间停机或者要下模的模具，要在模具表面均匀喷洒防锈剂，特别是筋位要喷到，避免模具生锈。

模具具有专一性、精密性、易损性等特性，因此除了在各个阶段需要对模具进行保养外，模具的日常安全维护也至关重要，模具的日常维护一般包含以下几方面：

① 防锈：防止注塑机模具因漏水、凝水、雨淋、手模等而生锈；

② 防撞：防止模具因推出机构未回退到位而造成模具撞坏；

③ 除刺：防止模具出现毛刺；

④ 防压：防止模具内残留产品，造成模具压伤。

任务七 模具组装

一、准备工作

① 按照车间及实验室要求穿好工作服、防砸劳保鞋，戴好安全帽及手套。注意衣袖袖口要扣好。

② 装配工作场地整理及工具量具准备。将拆装工作台工作区域杂物清理干净，然后擦干净，保持台面整洁。检查工具车内所需拆装工具是否齐全。所需拆装工具包括内六角扳手、套筒、铜棒、防锈剂、抹布等，所需量具包括游标卡尺、水道检漏仪等。将用到的工具整齐摆放到工作台的工具区。

③ 识读装配图。

④ 细读模具装配图上标注的技术要求，如图 7-1 所示。从图中可以看出，装配前需要对零件进行清理、擦拭；对配合尺寸需要进行检查；装配前要检查零部件的基准；多个螺钉拧紧时需要交叉、对称、逐步、均匀紧固；推杆有编号，要注意安装时需要保证位置准确，装配好后推杆高出对应镶块面 0.05mm。

技术要求

1. 零件在装配前必须清理和清洗干净，不得有毛刺、飞边、氧化皮、锈蚀、切屑、油污、着色剂和灰尘等。
2. 装配前应对零部件的主要配合尺寸，特别是过盈配合尺寸及相关精度进行复查。
3. 装配时注意基准。
4. 同一零件用多个螺钉(螺栓)紧固时，各螺钉(螺栓)需交叉、对称、逐步、均匀拧紧。
5. 堆杆及推板上刻有对应的编号，推杆高出镶块面0.05mm。

图 7-1　模具装配图上的技术要求

装配图上“L”型标志表示模具的基准侧，如图 7-2 所示。此标记表示装配图的 X 轴基准面和 Y 轴基准面所在位置。对应的每个板类零件上也有此标记，以标志基准位置。

⑤ 对零部件逐一进行擦拭，将铁锈、杂物等清理干净。

⑥ 仔细观察模具装配图中有配合要求的位置，如图 7-3 所示。从图中可以看出，成型镶块及浇口套的定位采用过渡配合 H7/h6，最小间隙为零，此位置装配时放入要平稳；导柱导套的定位采用 H7/k6 的过渡配合，有小过盈或小间隙，装配时需要轻轻敲击，方能进入；导柱导套

学习笔记

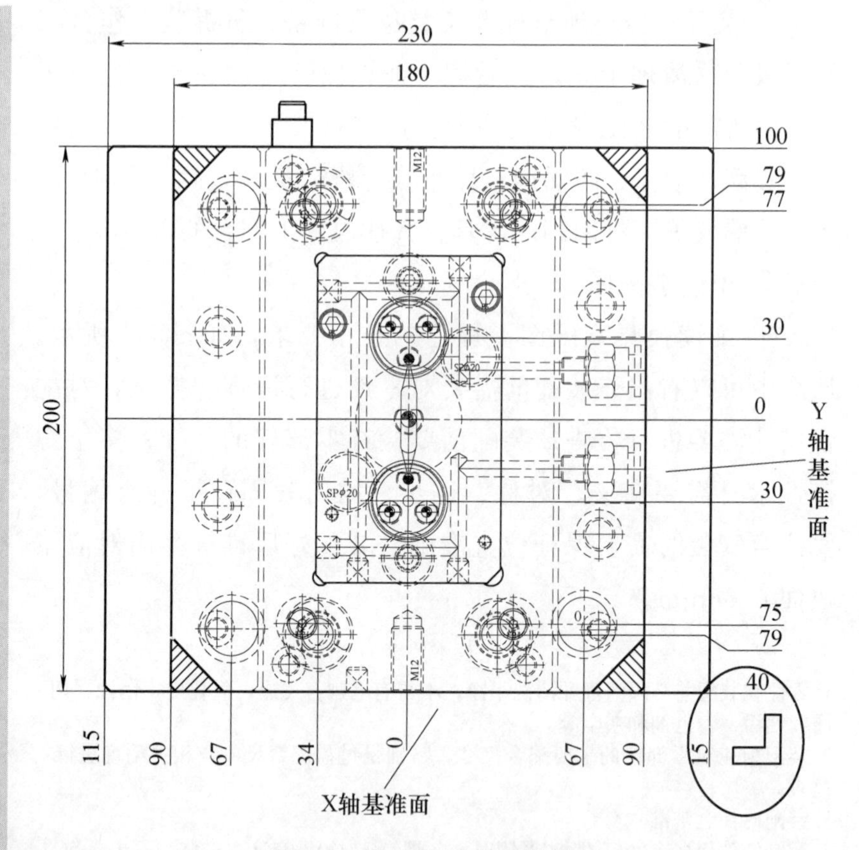

图 7-2 模具装配基准侧标记

的导向采用间隙配合，配合关系为 H7/g6；推杆及复位杆前端采用间隙配合，配合关系为 H7/f6，最小间隙为 0.01mm，因此装配时，要注意先将推杆装入配合位置，然后固定推板。逐一检查各有配合的零件，测量配合位置尺寸，检查是否满足配合要求。若推杆磨损，间隙大于材料溢边值，需要更换。

⑦ 在熟悉模具结构后，根据图纸讲述主要装配步骤。定模部分的安装一般为先装密封圈，然后安装成型镶块，检查密封性无问题后安装浇口套、定模座板、定位环；动模部分安装步骤一般为安装密封圈、镶块，检查气密性，安装推出系统，动模座板；合模并安装锁模块。

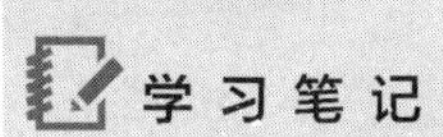

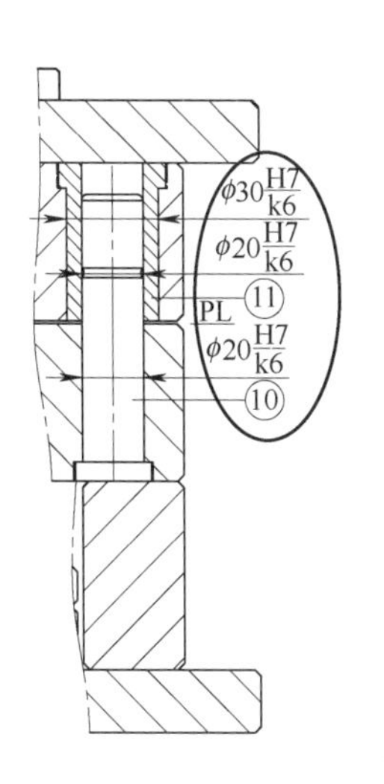

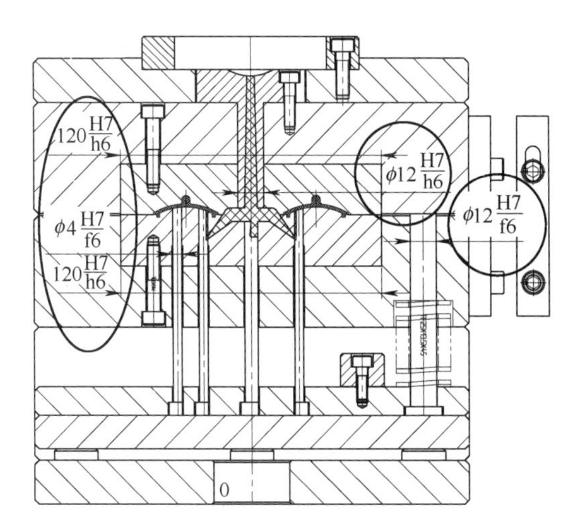

图 7-3　有配合要求的位置

二、定模部分装配

① 将定模板安装槽清理干净，不能有异物、毛刺。在定模板内安装密封圈，如图 7-4 所示。

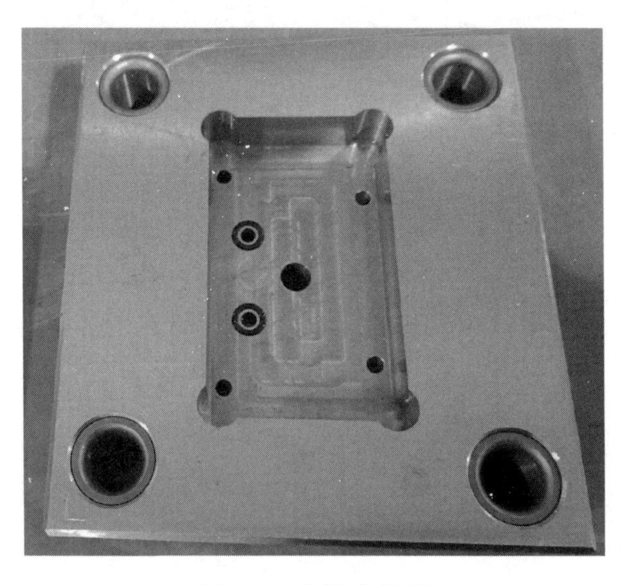

图 7-4　安装密封圈

学习笔记

② 将型腔镶块清理干净，不能有异物、毛刺；以基准角为基准将型腔镶块平稳放入定模板槽内，型腔镶块四周均匀进入定模板一定深度后，用铜棒轻轻敲击型腔镶块，并观察镶块是否有倾斜。如果发生镶块倾斜卡滞，找到镶块进入安装槽较浅的位置，轻轻敲击镶块，使镶块平稳进入定模板安装槽内，然后安装固定螺钉。见图 7-5。注意安装紧固螺钉时要遵从对角均匀的紧固原则。

图 7-5　型腔镶块的安装

③ 漏水检查：水路按设计连接，水压达到 1MPa，保压 5 分钟，没有降压为合格。

④ 安装浇口套。浇口套安装时，可用长的螺丝或者销钉进行导向，使用铜棒轻轻敲入。见图 7-6。最后用螺钉紧固。

⑤ 依据基准角定向，安装定模座板，固定螺钉交替锁紧，见图 7-7。

⑥ 安装定位环，使用螺钉固定，见图 7-8。

图 7-6 浇口套安装

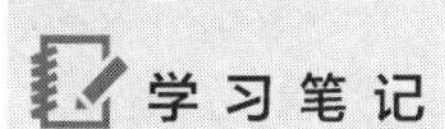

图 7-7 安装定模座板

⑦ 定模部分完成安装后，检查定模部分是否有漏装、装错、螺钉未锁紧现象，若无问题，喷洒防锈剂。见图 7-9。

学习笔记

图 7-8　安装定位环

图 7-9　完成安装后的定模部分

三、动模部分装配

① 将动模板安装槽清理干净，不能有异物、毛刺，在动模板内安装密封圈，如图 7-10 所示。

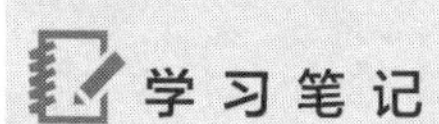

图 7-10 密封圈的安装

② 将动模板安装槽及成型镶块清理干净，不能有异物、毛刺；确定安装方位（以基准角定位）后将型芯镶块平稳放入动模板槽内，型芯镶块四周均匀进入动模板一定深度后，用铜棒轻轻敲击型芯镶块，并观察镶块是否有倾斜。如果发生镶块倾斜卡滞，找到镶块进入安装槽较浅的位置，轻轻敲击镶块，使镶块平稳进入动模板安装槽内，然后安装固定螺钉，见图 7-11。注意不能用铜棒敲击型面，安装紧固螺钉时，要遵从对角均匀的紧固原则。

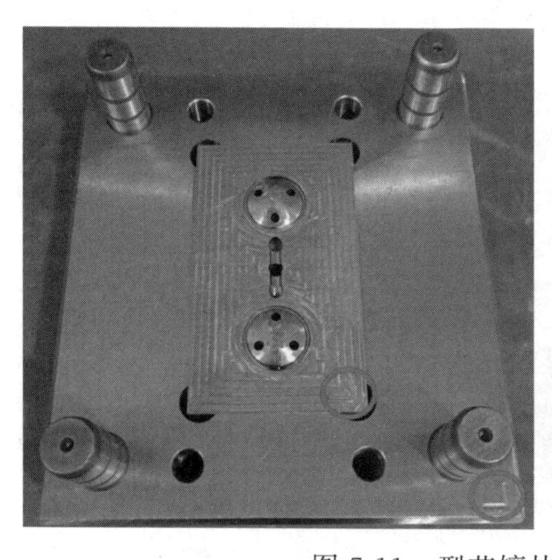

图 7-11 型芯镶块的安装

③ 漏水检查：水路按设计连接，水压达到 1MPa，保压 5 分钟，没有降压为合格见图 7-12。

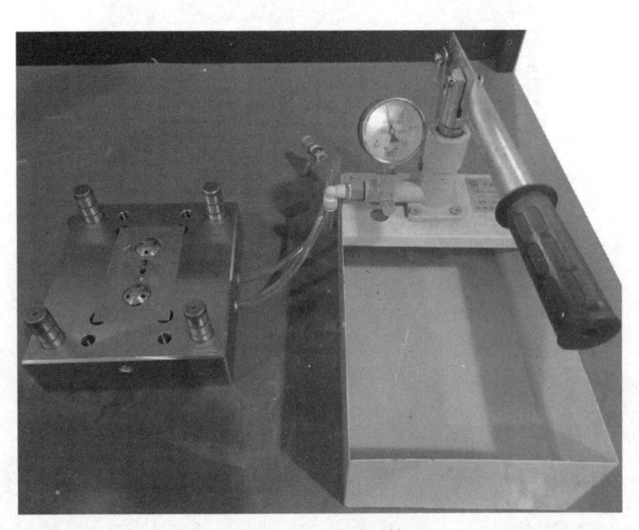

图 7-12　漏水检查

④ 将动模板立着安装顶出系统组件，若将动模板扳倒放置，需垫等高垫块，并要求比导柱高，防止导柱有松动而伤到人。

⑤ 将复位杆、弹簧安装到推杆固定板，以基准角为准，套入动模板中，见图 7-13，然后逐个安装推杆。如果推杆头部是曲面，需要根据标记将推杆放入对应孔中，安装时应该

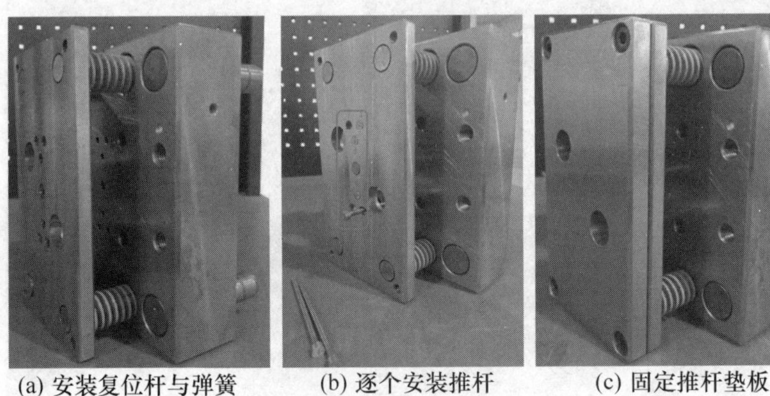

(a) 安装复位杆与弹簧

(b) 逐个安装推杆

(c) 固定推杆垫板

图 7-13　顶出系统安装

保证推杆能灵活移动。然后将推杆垫板安放在推杆固定板上，用螺钉紧固。紧固后，推动推板，测试顶出系统是否能顺畅移动，如有卡滞，需要重新安装。

⑥ 将动模座板安装到动模板组件上，安装时注意基准角朝向，由于复位弹簧力作用，固定螺钉时要对角交替进行锁紧，见图 7-14。如果力量小，需要用套筒加力锁紧。

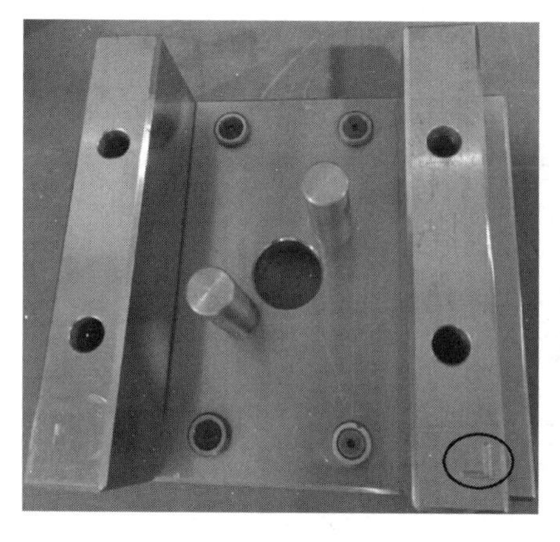

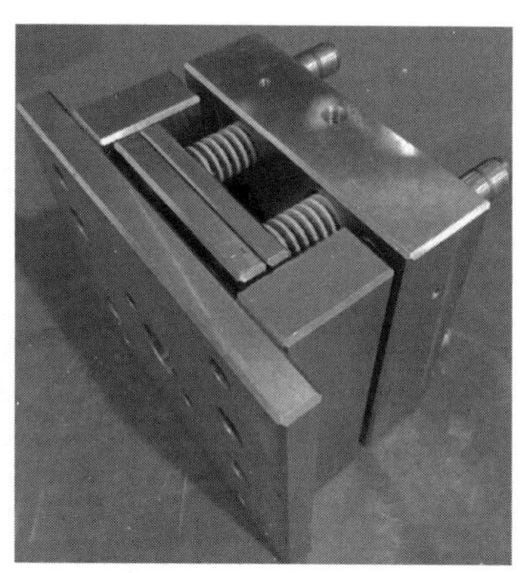

图 7-14　动模座板的安装

⑦ 动模部分完成安装，检查动模部分是否有漏装、装错、螺丝未锁紧，若无问题，喷洒防锈剂。见图 7-15。

图 7-15　完成安装的动模部分

学习笔记

学习笔记

四、合模

① 合模前，检查动定模部分安装是否正确，是否有遗漏部分，紧固螺钉是否紧固，推杆顶出端是否正确。

② 在导柱上抹上润滑脂（图 7-16）。

图 7-16　导柱涂抹润滑脂

③ 找准基准方向，定模导柱孔对准动模导柱，轻轻敲击，使导柱平稳进入导柱孔中，直至动、定模分型面完全贴合，如图 7-17 所示。

图 7-17　合模

学习笔记

④ 合模后，检查分型面是否接触，检查模具闭合高度。

⑤ 检查完成后，安装锁模板，如图 7-18 所示。

⑥ 将模具转运到存放位置，整理工具及量具，清理后放入工具车中，叠好图纸，收拾现场。

图 7-18 锁模板的安装

【知识延伸】

模具装配是模具拆卸的逆过程，基本步骤与模具拆卸的反向步骤一致。但是，模具装配不仅要保证模具能组合起来，更重要的是保证组合后的模具能正常、稳定工作，成型出合格的产品。因此，模具装配既要保证配合零件的尺寸精度，又要保证各零件的位置精度及运动部件的移动精度。模具装配过程可以分为成型零部件的组装、模体的组装、顶出机构的组装及合模总装。模具装配的要点及安全注意事项如下。

① 分析相互配合的零件的对应关系，检验配合精度并调整修正。模具成型零部件组装时，应保证零件配合的尺寸及形位要求。由于模具是单件小批量生产，不可能达到模具

学习笔记

零件的高度互换，所以需要进行修配及调整。镶块装入时，一定要注意安装密封圈，装好后进行密封测试。

② 模体组装时注意导柱及导套的配合情况，保证其相对移动时能滑动自如，灵活可靠；应去除模板接触上的毛刺及杂物，保证模板装配的平行度。

③ 顶出机构组装时，要保证顶出系统各运动零件运动平稳、灵活，无卡滞现象；一般情况下推杆顶面高出型芯表面 0～0.1mm，复位杆顶面应低于分型面 0.01～0.05mm。

④ 模具总装时，应检查分型面是否均匀密合，保证模具分型面与安装面的平行度不大于 0.05mm。一般成型镶块的分型面高出模体分型面 0.5mm 左右，以保证锁模力集中在成型镶块的分型面上，防止溢料。

⑤ 安装时要注意模具的安装基准，防止装反。

⑥ 如果推杆端面是曲面，要保证推杆的安装位置与拆卸时一致。

模具装配时使用的工具与模具拆卸时基本相同，其安全注意事项与拆卸时安全注意事项相同。

项目三 注塑成型

学习笔记

本项目主要讲解注塑成型，包含注塑机设备、注塑成型工艺、注塑模具使用、注塑机调试和操作等部分。初级教材主要讲解普通注塑机的注塑成型。

【项目目标】

知识目标：

1. 掌握操作安全注意事项；
2. 掌握注塑机结构、类型及工作原理；
3. 掌握注塑成型参数的基本知识；
4. 掌握注塑辅助设备基本知识。

技能目标：

1. 能正确地将模具安装到注塑机上（上模）；
2. 能够正确地将模具从注塑机上卸载（下模）；
3. 能够调试成型参数，试制出合格塑件。

【项目引入】

注塑员小王接到试模任务，即对一套新模具进行试模打样。小王首先需了解该模具结构以及试模制件的技术要求等信息，然后检查注塑机及辅助注塑设备，确保设备能够正常工作，最后将模具安装到注塑机上，通过调试注塑参数进行试模操作。要完成以上任务，小五需要具有安全生产常识，掌握注塑机及辅助注塑设备的结构、分类、工作原理和操作等知识，了解常见塑件缺陷，并能够调试注塑参数，解决缺陷问题，此外还要能够处理简单的注塑异常问题。

学习笔记

任务八　认识注塑机

一、注塑机的分类

（1）按注塑机外形特征分类

注塑机又称注射成型机，是用于成型塑料制件的设备。注塑机的外形特征分类主要是基于注塑系统和合模系统的排列方式进行划分。

① 立式注塑机。立式注塑机如图 8-1 所示。注射系统和锁模系统处于同一垂直中心线上，模具沿垂直方向开闭。立式注塑机容易配置各类自动化装置，适应于复杂、精巧产品的自动成型。

图 8-1　立式注塑机

学习笔记

② 卧式注塑机。卧式注塑机如图 8-2 所示，注塑系统与合模系统的轴线呈水平排列。与立式注塑机相比，机身低，稳定性好，由于供料方便，检修容易。卧式注塑机目前使用最广，产量最大，是国内外注塑机的最基本的形式。

图 8-2　卧式注塑机

（2）按塑化和注塑方式分类

① 柱塞式注塑机。其物料的熔融塑化和注塑充模全部由柱塞来完成，如图 8-3 所示。

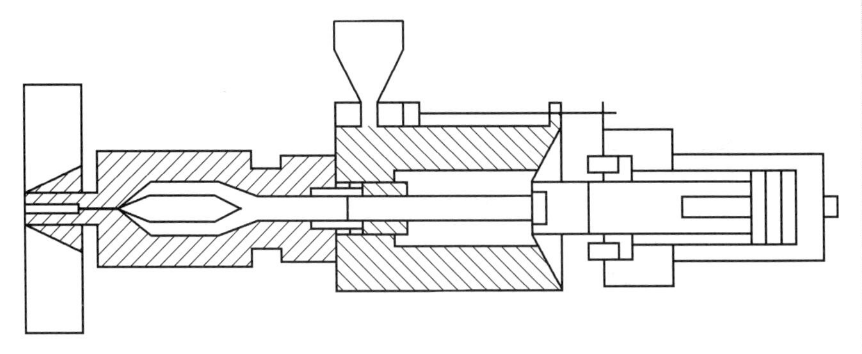

图 8-3　柱塞式注塑机

② 螺杆式注塑机。其物料的预塑和注塑全部由螺杆来完成，如图 8-4 所示。这种注塑机是目前生产量最大、应用最广泛的注塑机。

③ 螺杆预塑-柱塞注射式注塑机。其物料的预塑和注塑分别由螺杆和柱塞来完成。首先物料通过螺杆预塑装置（即挤塑机）进行预塑，熔体经单向阀被挤入注塑机筒内，然后在柱塞的推压作用下，注入模具的型腔中，如图 8-5 所示。

学习笔记

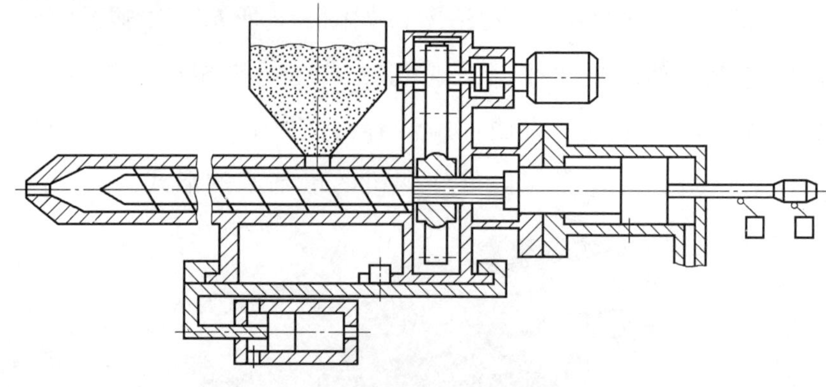

图 8-4　螺杆式注塑机

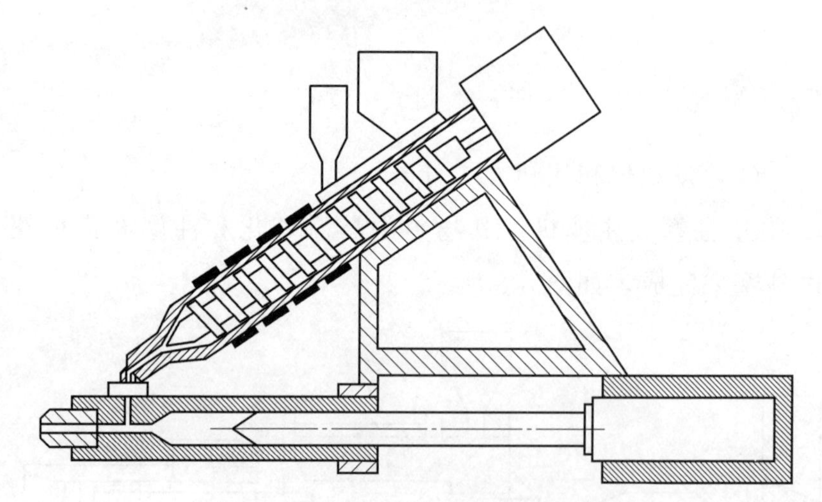

图 8-5　螺杆预塑-柱塞注射式注塑机

（3）按注塑机成型能力分类

① 超小型（合模力在 16t，理论注塑容积在 16cm^3）。

② 小型（合模力在 16～100t，理论注塑容积在 16～630cm^3）。

③ 中型（合模力在 125～800t，理论注塑容积在 800～3200cm^3）。

④ 大型注塑机（合模力在 1000～2500t，理论注塑容积在 4000～10000cm^3）。

⑤ 超大型（合模力在 3200t 以上，理论注塑容积在 16000cm^3）。

学习笔记

（4）按合模系统特征分类

① 机械式合模系统。从机构的动作到合模力的产生与保持全由机械传动来完成。

② 液压式合模系统。从机构的动作到合模力的产生与保持全由液压传动来完成。

③ 液压-机械合模系统。通过液压操纵连杆或曲轴撑杆机构来达到启闭和锁模。

二、注塑机的结构认知

注塑机主要由注塑系统（分为柱塞式注塑系统、螺杆式注塑系统两种）、塑化部件、注塑座及其转动装置、合模系统、液压传动与电气控制系统等组成。

（1）柱塞式注塑系统

柱塞式注塑系统主要由注射装置（柱塞、料筒、喷嘴、分流梭）、加料装置、油缸、座台等组成，如图 8-6 所示。柱塞式注塑机利用柱塞把料筒中的物料推向料筒前端，物料在加热作用下塑化成熔体，熔体在一定压力下被柱塞通过分流梭经由喷嘴注射到成型模具内，最后冷却定型。

（2）螺杆式注塑系统

螺杆式注塑系统是最常见的一种注塑系统，其结构如图 8-7 所示。螺杆式注塑系统主要由注射装置（料筒、螺杆、喷嘴）、料斗、传动装置、油缸、座台等组成。塑化时螺杆旋转后退，物料从料口落入料筒并向前推进，在外加热和螺杆旋转剪切双重作用下塑化，达到熔融状态。熔体经过螺杆头部，经喷嘴和主流道注入模具，随后进行保压补缩，在模具型腔内冷却成型。

（3）塑化部件

① 螺杆。螺杆是塑化部件中的关键部件，其结构如图

学习笔记

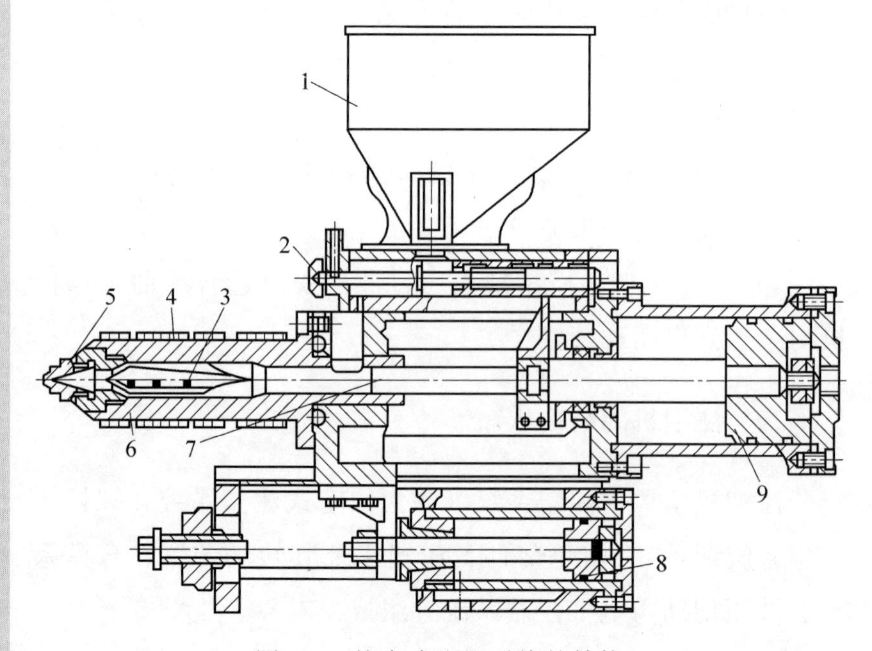

图 8-6　柱塞式注塑系统的结构

1—料斗；2—加料装置；3—分流梭；4—加热器；5—喷嘴；6—料筒；7—柱塞；8—座台移动油缸；9—油缸

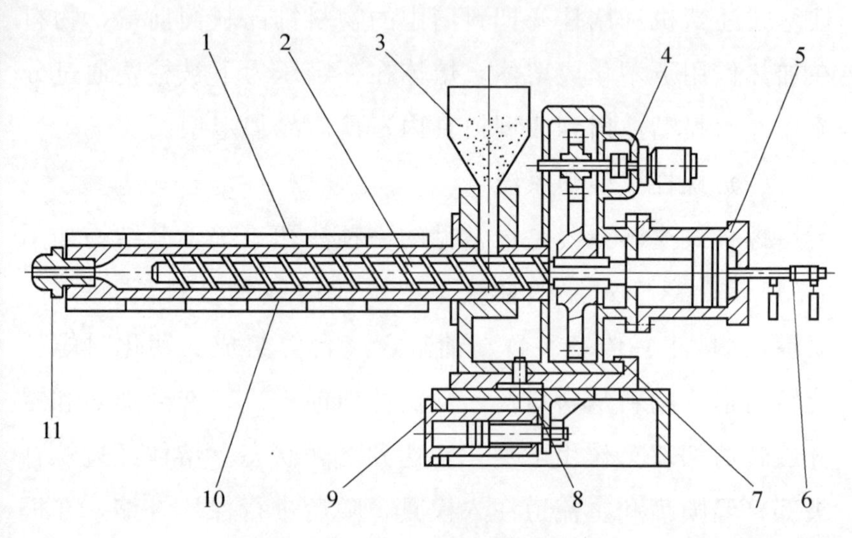

图 8-7　螺杆式注塑系统的结构

1—料筒；2—螺杆；3—料斗；4—传动装置；5—油缸；6—计量装置；7—座台；8—转轴；9—座台移动油缸；10—加热圈；11—喷嘴

学习笔记

8-8所示。螺杆既可转动，也可前后移动，具有输送、压实、塑化、注射作用。其长径比和压缩比较小，加料段较长，均化段较短，均化段螺槽略深，头部为尖头，并具有止逆环，防止物料回流，结构如图8-9所示。

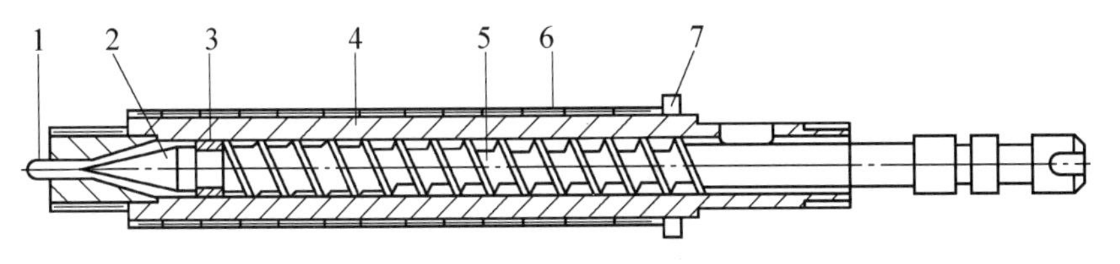

图8-8　螺杆结构图

1—喷嘴；2—螺杆头；3—止逆环；4—料筒；5—料筒；6—加热圈；7—冷却水环

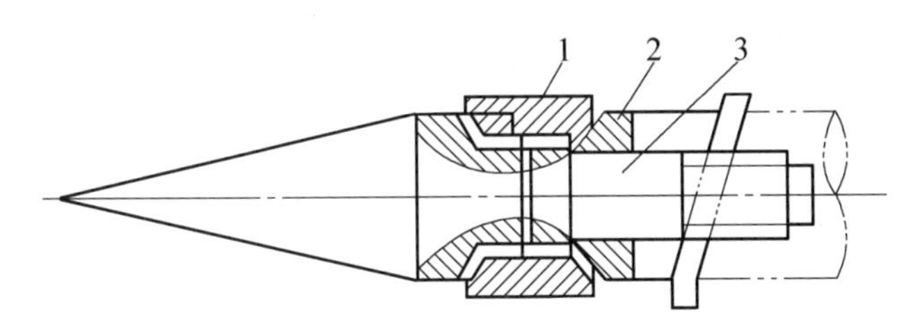

图8-9　螺杆头止逆环

1—止逆环；2—环座；3—螺杆头

② 料筒。料筒是塑化部件的重要零件，内装螺杆，外装加热圈，结构如图8-10所示。

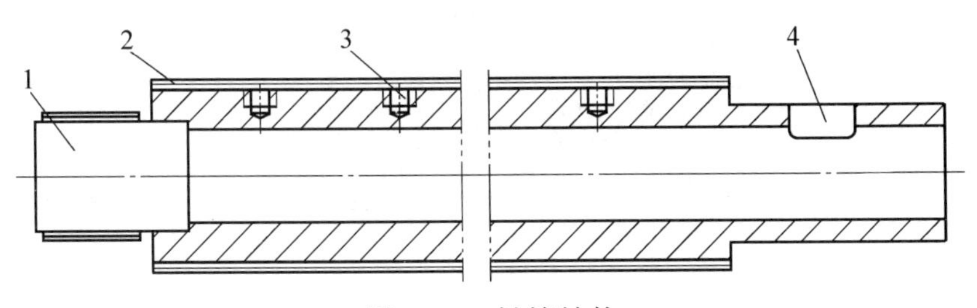

图8-10　料筒结构

1—前料筒；2—电热圈；3—螺孔；4—加料口

料筒壁有足够的强度和刚度，耐压、耐热、抗腐蚀，传热性能好。料筒配有加热装置，可分段加热，通过热电偶和恒温控制仪来精确控制。

学习笔记

③ 喷嘴。喷嘴是连接料筒和模具的桥梁，注射时引导塑料从料筒进入模具。喷嘴需要单独加热，其口径比主流道口径略小，与螺杆直径成一定比例。喷嘴应与主流道对中，避免产生死角和漏料现象，同时便于将喷嘴中的冷料连同主流道的物料一同拉出。喷嘴头部一般都是球形，直径比主流道衬套的凹面圆弧直径稍小，以保持良好的接触。

（4）注塑座及其转动装置

注塑座是用来连接和固定塑化装置、注塑油缸和移动油缸等的重要部件，是注塑系统的安装基准。注塑座与其他部件相比，形状较复杂，加工制造精度要求较高。它是将料斗、塑化装置、螺杆传动装置（减速箱）、注塑油缸等连接在油缸支撑座和料斗座上。

（5）注塑机合模系统

注塑机合模系统在高压注射物料的过程中能锁紧模具，在成型完毕后能克服制品对模具的附着力，打开模具。注塑机合模系统包括合模装置、导柱、固定模板、调模装置、顶出装置等，结构如图 8-11 所示。

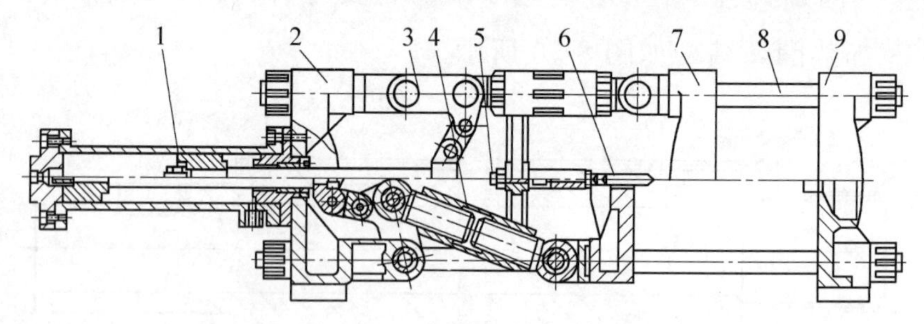

图 8-11　合模系统的结构

1—合模油缸；2—后定模板；3—曲轴；4—调距装置；5—顶出装置；6—顶出杆；7—动模板；8—拉杆；9—前定模板

合模装置主要包括前定模板、后定模板、动模板、拉杆、曲轴、合模油缸等组成部分。前定模板固定在靠喷嘴头一侧，前定模板和动模板用于安装模具。合模油缸装在后定模板上，

学习笔记

通过曲轴机构驱动动模板，实现模具的开启与闭合。拉杆连接前、后定模板和动模板，组成一个力封闭系统。

调模装置主要由调模液压马达、齿轮（或链轮）传动机构、调模螺母等组成。液压马达转动将带动大齿轮转动，大齿轮带动调模螺母（即调模齿轮）在拉杆螺纹上转动，推动后模板向前或向后移动，从而可改变前后模板间的距离，如图 8-12 所示。

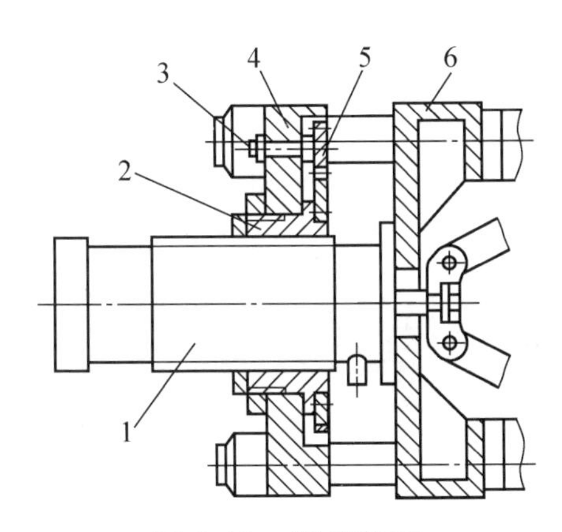

图 8-12 调模装置

1—合模油缸；2—油缸螺母；3—调节手柄；4—后定模板；5—齿轮；6—后模板

顶出装置安装在动模板上，脱模时顶出制品。有液压式、机械式、气动式等几种形式，常见的是液压式，结构如图 8-13 所示。移动模板上安装抽插芯阀板，起抽芯和插芯作用。

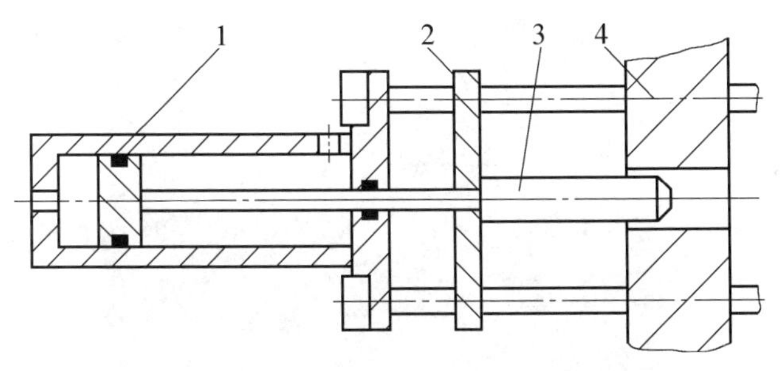

图 8-13 液压式顶出装置

1—顶出油缸；2—支撑板；3—顶出杆；4—动模板

学习笔记

（6）注塑机的液压传动与电气控制系统

液压传动与电气控制系统的作用是保证注塑机按成型过程预定的要求（压力、温度、速度、时间）和动作程序准确有效地工作。液压传动系统主要由各种液压动力元件、液压控制元件和液压执行元件等组成。电气控制系统主要由计算机及接口电路、各种检测元件、仪表及液压驱动放大电路等组成。

三、注塑机操作面板的认识

（1）操作面板的认知

注塑机操作面板有显示屏和多个功能键组成，如图 8-14 所示。

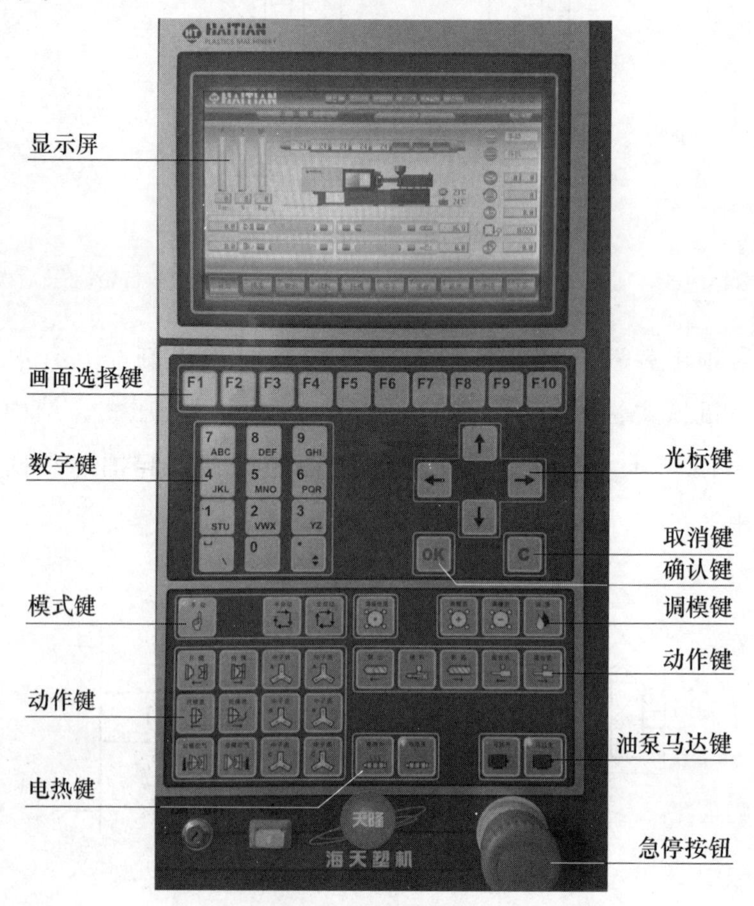

图 8-14　注塑机操作面板

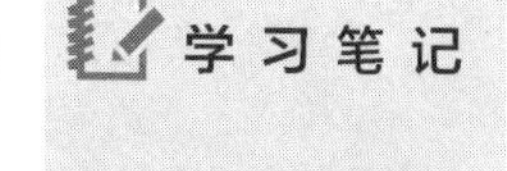

（2）按键功能认知

① 画面选择键。F1～F10 为十个功能键，用于画面的选择，也称画面选择键，如图 8-15 所示。

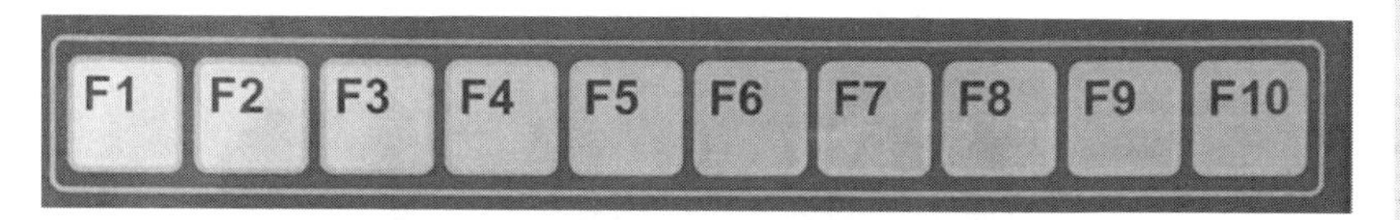

图 8-15 画面选择键

② 数字键。数字键按键用于进行数字的输入，如图 8-16 所示。在使用数字键输入数据时，必须先把资料锁打到 ON 的状态，否则无法输入数据。

图 8-16 数字键

③ 光标键。光标键用来进行光标的移动和液晶屏亮度的调整，如图 8-17 所示。可以利用上下左右四个方向键，将光标移到需要输入数据的位置上。

④ 确认键和取消键。确认键：数据输入后，立即按下该键，相应参数即被输入。取消键：数据输入后，立即按下该键，取消刚才输入，恢复原来的值。见图 8-18。

⑤ 模式键。模式键包含了手动键、半自动键、全自动键和调模使用键，如图 8-19 所示。

学习笔记

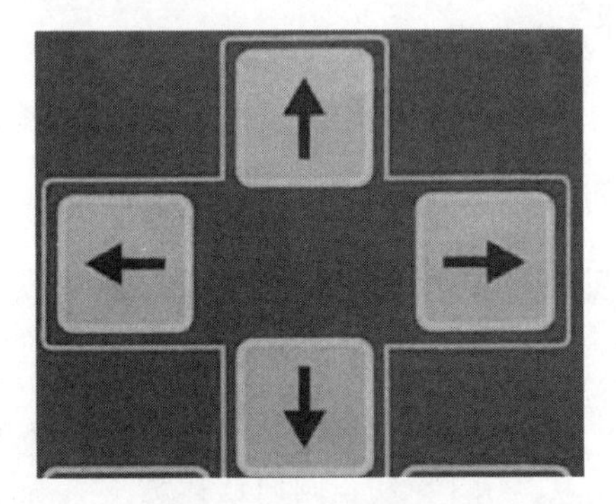

图 8-17　光标键

图 8-18　确认键和取消键

图 8-19　模式键

按下手动键，机器切换到手动模式，同时该键的指示灯亮起；在有警报时，该键又用来进行警报消除。在该模式下，用户可以通过动作键来操作机器。

按下半自动键，机器切换到半自动模式，同时该键的指示灯亮起；在该模式下，机器处于自动循环工作状态，每一个循环结束时需要开关一次安全门，才能继续下一个循环。

按下全自动键，机器切换到时间自动模式，同时该键的指示灯亮起；如果设置电眼检物功能有效，则切换到电眼自动模式；在时间自动模式下，除非发生警报，否则机器完成一个循环后又会自动开始下一个循环。电眼自动模式与时间自动模式的区别在于：电眼自动模式在完成一个循环时，检物电眼必须检测到产品掉落的信号后才会开始下一个循环。

按下调模使用键，机器在粗调模模式、自动调模模式和手动模式间切换。在粗调模模式下该键的指示灯常亮，在自动调模模式下该键的指示灯闪亮。在粗调模模式下，所有动作键可以使用，但是动作的压力、速度会变成在系统参数中设定的低压、低速的“调模时压力”和“调模时速度”。

机器由手动模式按下半自动、时间自动或电眼自动键转入自动模式时，均需开关安全门一次，以确保模内无异物，再进行关模。调模模式和半自动、时间自动或电眼自动模式之间不能直接切换，必须通过手动模式过渡。

⑥ 动作键。动作键（图 8-20）只能在手动模式和粗调模模式下使用，如果在自动模式下按下动作键，机器不会对按键产生响应。各动作键介绍如下。

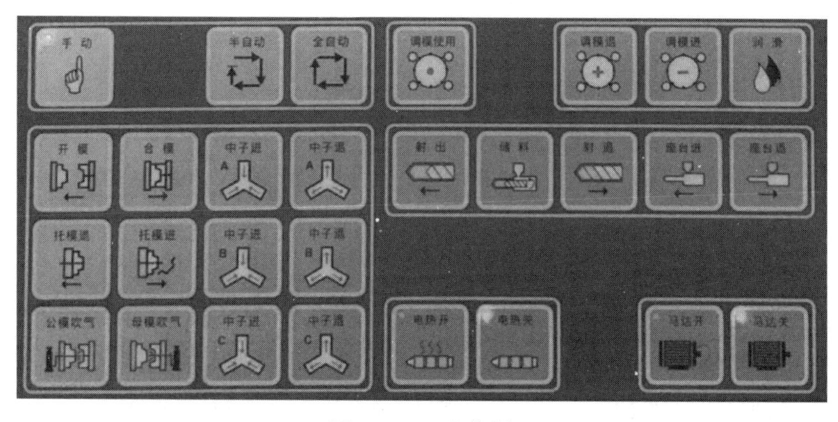

图 8-20 动作键

开模键：按住该键，进行开模动作，放开即停止，如果设置了中子、吹气、机械手动作，还会连锁完成中子退、吹气和给出机械手动作信号。

合模键：在安全门已关上，顶针已经退到位，机械手已经复位（如果选用了机械手），关模未到终止位置时，按下该键，进行开模动作。

学习笔记

学习笔记

托模退键：按住该键，连锁进行托模退、关模两个动作，放开即停，如果有中子动作，还会连锁完成中子进。操作条件：托模退未到终止位置。

托模进键：按住该键，机器会按照设定的托模方式（停留、定次或震动）和托模次数，完成一次完整的托模动作（包括托模进、托模退），放开即停。操作条件：开模已经到终止位置；停留方式托模时，托模未到终止位置；有中子时，中子已经退到终止位置。

公模吹气键：公模吹气时间未用完时，按住该键，进行吹气动作，放开即停。

母模吹气键：母模吹气时间未用完时，按住该键，进行吹气动作，放开即停。

A中子进键：按住该键，进行中子A进动作，放开即停。操作条件：时间方式中子，时间未用完；行程方式中子，中子未退到位；计数方式绞牙时，绞牙计数未到。

A中子退键：按住该键，进行中子A退动作，放开即停。操作条件：时间方式中子，时间未用完；行程方式中子，中子未进到位；计数方式绞牙时，绞牙计数未到。

B中子进键：按住该键，进行中子B进动作，放开即停。操作条件：时间方式中子，时间未用完；行程方式中子，中子未退到位；计数方式绞牙时，绞牙计数未到。

B中子退键：按住该键，进行中子B退动作，放开即停。操作条件：无限制。

调模进键：按下该键并很快放开，调进一个齿，如果持续按住该键，则持续调进，放开即停。操作条件：在粗调模方式下；调模未进到终止位置。

调模退键：按下该键并很快放开，调退一个齿，如果持续按住该键，则持续调退，放开即停。操作条件：在粗调模方式下；调模未退到终止位置。

润滑键：按一次该键，打开润滑油泵按照设定程序进行一轮润滑动作。如果要中途结束该动作，再按一次该键或按下手动模式键。

射出键：按住该键，进行一次完整的射出动作（包括保压），放开即停。操作条件：各段料筒温度在偏差范围内；射胶防护罩已经合上；射出时间未用完，且射出未到终止位置。

储料键：按一次该键，机器就会持续进行储料动作，直到储料完成，如果要中途结束储料动作，再按一次该键或按下手动模式键即可；如果储料结束时还有射退的距离，则还会连锁完成射退动作。操作条件：各段料筒温度在偏差范围内；储料未到终止位置。

射退键：按住该键，进行射退动作，放开即停。操作条件：各段料筒温度在偏差范围内；射退时间未用完或射退未到终止位置。

座台进键：按住该键，进行座台进动作，放开即停。当座台进终行程开关被压合时，会转换压力、速度为调模方式下的值，使射嘴慢速前进、柔性接触模具，以保护模具。

座台退键：按住该键，进行座台退动作，放开即停。操作条件：座台未退到终止位置，且座台退时间未用完。

电热开键：电热关闭时，按一次该键，料筒加热开启，该键上的指示灯在电热开启后常亮；如果闪亮，表示料筒加热处于保半温状态。

电热关键：电热开启时，按一次该键，料筒加热关闭，该键上的指示灯在电热关闭后常亮

马达开键：马达关闭时，按一次该键，马达启动，该按键上的指示灯在马达启动过程中闪亮，马达启动完成后常亮。

马达关键：马达开启时，按一次该键，马达关停，该按

学习笔记

学习笔记

键上的指示灯在马达关闭时常亮。

【知识延伸】

注塑成型机简称注塑机。注塑成型时，把物料从注塑机料斗送进加热的料筒中，料筒内装有螺杆，物料在螺杆作用下沿螺槽向前推进并压实，在加热和剪切作用下逐渐熔融和均化；螺杆在物料的反作用力下后退，在螺杆头部形成储料空间。然后储料室内的熔体通过喷嘴射出到模具的型腔中，经过保压、冷却、固化定型，然后模具开启，通过顶出装置把定型好的制品从模具顶出并落下。

注塑机作业循环流程如图 8-21 所示。

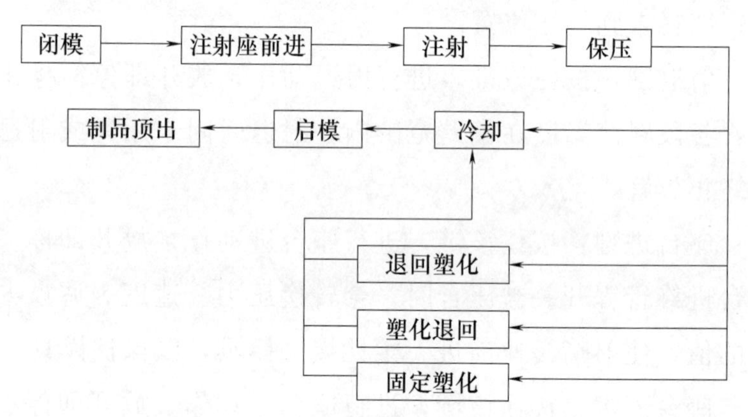

图 8-21　注塑机作业循环流程

任务九　注塑机参数的设定

一、注塑机工作状态显示操作

按下手动键，在手动操作状态下，按画面切换键 F1，即可显示注塑机工作状态画面，该画面显示注塑机各种工况和机器运转的实际技术参数，如图 9-1 所示。

学习笔记

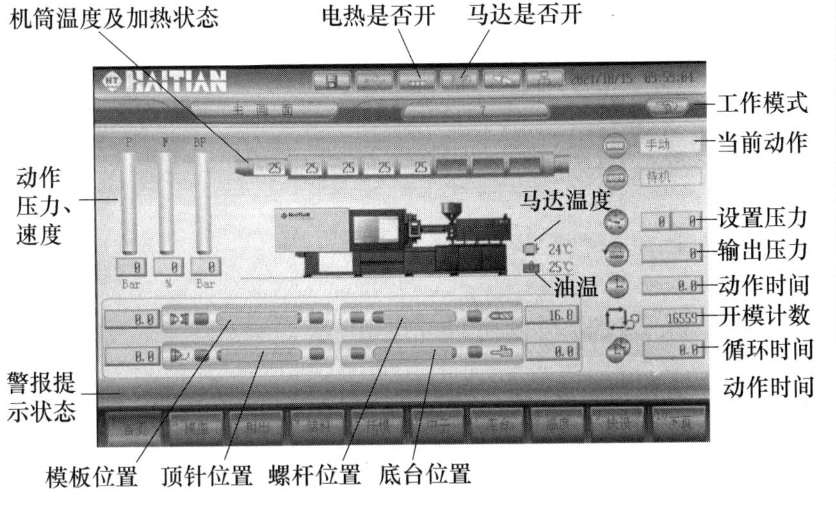

图 9-1　注塑机工作状态画面

工作模式：分别显示手动工作模式、半自动工作模式和全自动工作模式。

当前动作：显示当前的动作名称。

开模计数：显示自动循环完成的开模总数。

设置压力：显示设定的压力。

输出压力：显示工作时的输出压力。

动作时间：显示当前工作的时间。

循环时间：显示完成一个成型周期总的时间。

座台位置：显示座台位置。

螺杆位置：显示螺杆位置。

顶针位置：显示顶针位置。

模板位置：显示模板位置。

警报提示状态：系统报警时显示当时故障的原因。

动作压力、速度：显示当前工作的压力、速度。

料筒温度及加热状态：显示料筒当时检测的实际温度。

马达温度：显示注塑机马达当时的油温。

油温：显示注塑机液压油箱当时的油温。

电热是否开：如显示电加热图案，表示注塑机料筒通电加温，无图案则表示没有加温。

马达是否开：如显示马达开图案，表示油泵电机通电启动，无马达开图案显示则表示油泵电机没有通电启动。

二、开合模参数设定

（1）开关模资料设定操作

按下手动键，在手动操作状态下，按画面切换键 F1，然后按 F2 键，即可显示开关模资料设定画面，如图 9-2 所示。

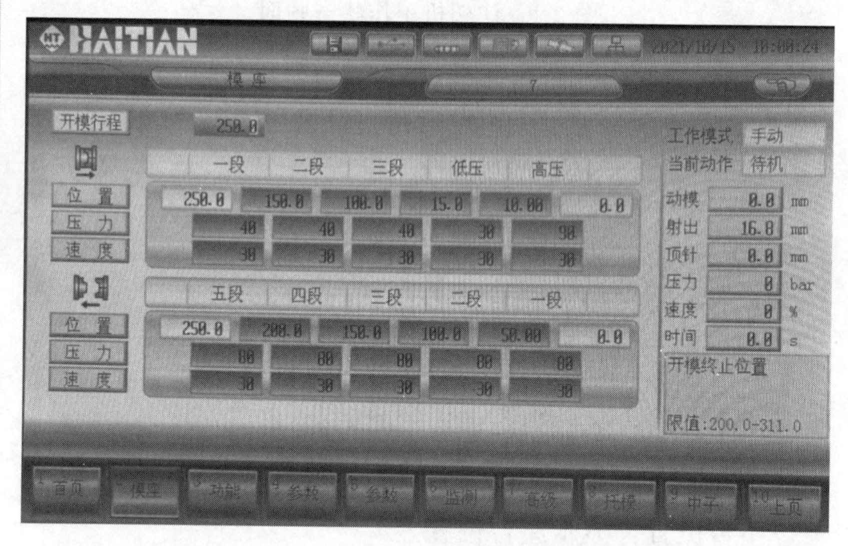

图 9-2　开关模资料设定画面

在开关模资料设定画面状态下，按游标键移动游标，选择开关模资料设定项目，以数字键输入所需数值后，再按确认键，即完成此项的设定。移动游标，则可进行下一项目的设定。

开模行程：模具的最大行程，即开模终止位置的限值。

开模和关模动作共分五段，其压力、速度等皆可分开调整，它依据位置设定来转换其压力、速度。

完整的关模动作次序为关模启动、关模一段、关模二段、关模三段、关模低压、关模高压六个过程。关模启动由系统参数中的“关模起始斜率”等参数控制，而其他五个过程的起始位置、压力、流量在本画面中设置。

完整的开模动作次序为开模启动、开模一慢、开模快一、开模快二、开模二慢、开模终止六个过程。开模启动由系统参数中的“开模起始斜率”等参数控制，而其他五个过程的起始位置、压力、流量在本画面中设置。

（2）开关模资料设定操作

按下手动键，在手动操作状态下，按画面切换键 F1，按 F2 键，然后按 F3，即可显示开关模功能设定画面，如图 9-3 所示。

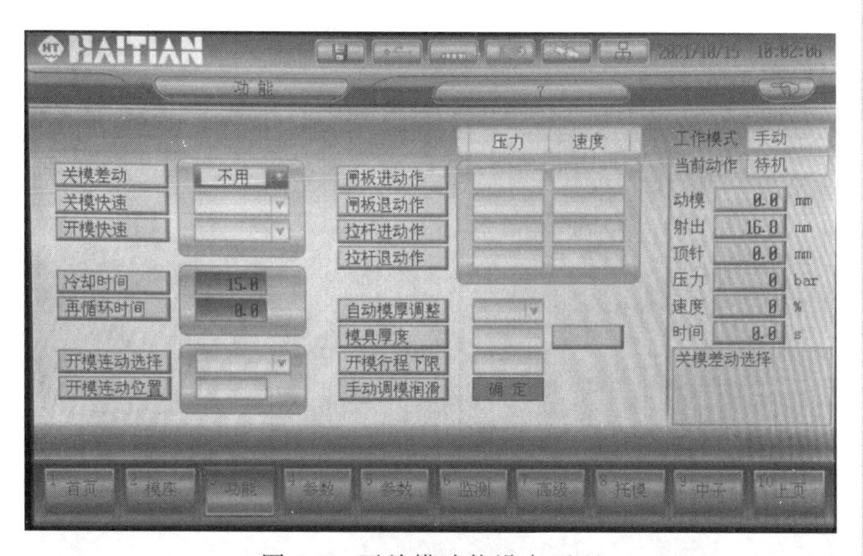

图 9-3　开关模功能设定画面

在开关模功能设定画面状态下，按游标键移动游标，选择开关模功能设定项目，以数字键输入数值后，再按确认键，即完成此项的设定。移动游标，则可进行下一项目的

学习笔记

设定。

开模差动：若选择“使用”，则关模一段、二段时差动阀同时打开，实现快速平稳合模。

冷却时间：从射出结束后开始计时，须等到该时间用完以后才会进行开模动作，该时间包含储前冷却、储料、射退动作的时间。

再循环时间：产品完成后（顶针动作完成），等待下一个循环的延迟时间，一般用作等待机械手回升的时间。

开模连动选择：选择该功能，可以实现开模动作和托模进、中子退动作同时进行，该功能需要特殊油路支持。

开模连动位置：开模连动功能打开时，模板开模到该位置后，连动动作开始执行。

三、射出参数设定

（1）射出资料设定操作

按下手动键，在手动操作状态下，按画面切换键 F1，然后按 F3 键，即可显示射出资料设定画面，如图 9-4 所示。

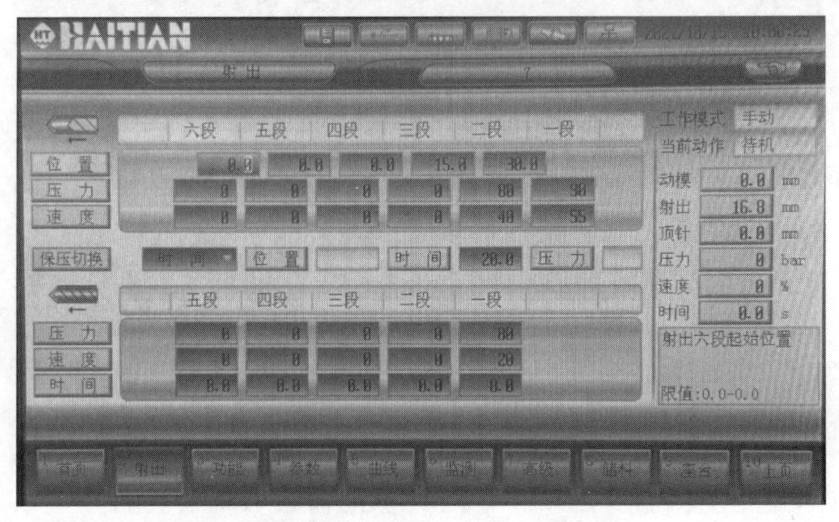

图 9-4 射出资料设定画面

在射出资料设定画面状态下，按游标键移动游标，选择射出资料设定项目，以数字键输入欲输入的数值后，再按确认键，即完成此项的设定。移动游标，则可进行下一项目的设定。

射出：完整的射出动作次序为射出一段至射出六段、转保压、保压一段至保压六段。射出到保压的切换条件取决于“保压切换”参数的设定。如果设置射出一段至起始位置最小，则只进行射出一段动作。

保压切换：射出转保压的条件。0 表示射出位置结束或者射出时间到，转保压；1 表示只有射出时间结束才转保压，而不管射出位置是否到。

保压切换时间表示射出一段至射出六段六个动作总时间，只要该时间结束，射出就转保压。

保压切换位置表示射出转保压的位置。

（2）射出功能设定操作

按下手动键，在手动操作状态下，按画面切换键 F1 键，按 F3 键，然后按 F2 键，即可显示射出功能设定画面，如图 9-5 所示。

在射出功能设定画面状态下，按游标键移动游标，选择射出功能设定项目，以数字键输入欲输入的数值后，再按确认键，即完成此项的设定。移动游标，则可进行下一项目的设定。

射出增压：如选择“使用”，则射出过程中蓄能器打开。

射出快速：如选择“使用”，则射出过程中快速油路打开。

液压喷嘴：如果机器配备液压喷嘴，在此选项选择“使用”。

保压解压：如选择“使用”，则射出保压过程中，保压

学习笔记

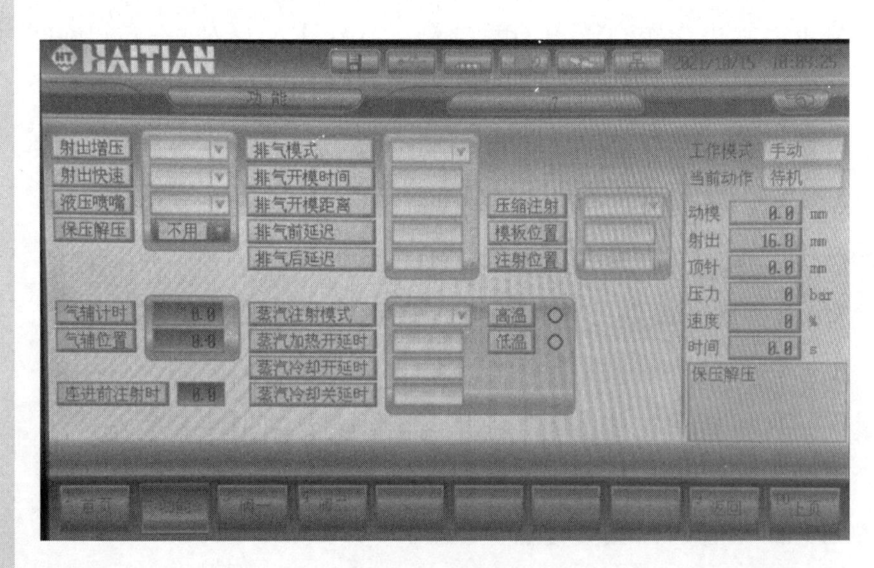

图 9-5　射出功能设定画面

解压阀动作。

气辅计时：要执行气辅注射功能，在此设置相应气辅打开时间。

气辅位置：螺杆射出过该位置后立即打开气辅输出。

座台进前注射计时：座台进之前，先执行该时间段注射。

排气：如果产品生产过程中模具需要打开排气，在此做相应设置。

排气模式：如选择“射出后”，即在保压之前进行排气；如选择“保一后”，即在保压一之前进行排气；如选择“保压后”，即在保压完成之后进行排气。

排气开模时：模具打开后，执行此时间长度的排气。

排气前延迟：经过此延迟才开始执行排气，即才启动开模动作。

排气后延迟：排气结束后，即模具闭合后，经过此延迟，再继续被中断的注射动作。

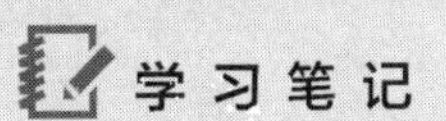

四、储料参数设定

(1) 储料资料设定操作

按下手动键，在手动操作状态下，按画面切换键 F1 键，按 F4 键，然后按 F2 键，即可显示储料资料设定画面，如图 9-6 所示。

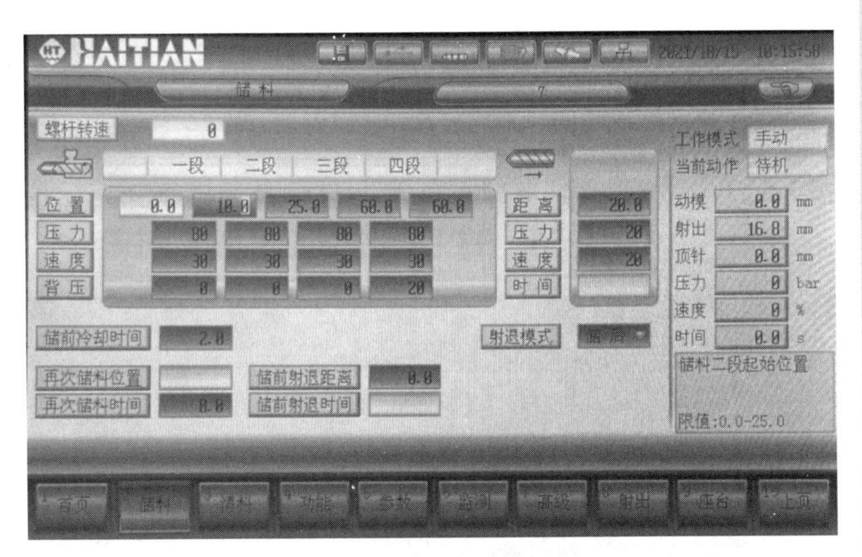

图 9-6 储料资料设定画面

在储料资料设定画面状态下，按游标键移动游标，选择储料资料设定项目，以数字键输入欲输入的数值后，再按确认键，即完成此项的设定。移动游标，则可进行下一项目的设定。

储料：储料动作包含储料一段至储料四段，可对压力、速度进行控制，设定启动、末段所需的压力、速度及背压和位置。

储前冷却时间：射出结束后，先冷却该时间长度，再进行储料动作。

射出开始前，再次进行储料动作，持续的时间取决于再次储料时间、再次储料位置参数设定。

储料开始前，先做射退动作，该射退动作取决于储前射退距离、储前射退时间参数设定。

射退动作有偏移位置、时间两种控制方式，前者设定所需射退的距离，射退时螺杆会后退该距离；后者设定所需射退的时间，射退时螺杆会后退该时间长度。不使用射退则将偏移位置和时间分别设定为 0。

螺杆转速：显示螺杆每分钟转数。

（2）清料资料设定操作

按下手动键，在手动操作状态下，按画面切换键 F1，按 F4 键，然后按 F3 键即可显示清料资料设定画面，如图 9-7 所示。

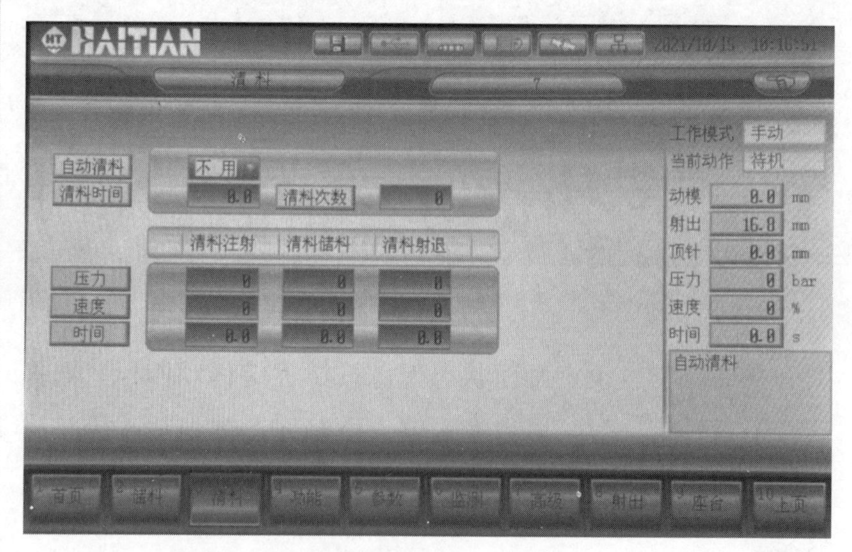

图 9-7　清料资料设定画面

在清料资料设定画面状态下，按游标键移动游标，选择清料资料设定项目，以数字键输入欲输入的数值后，再按确认键，即完成此项的设定。移动游标，则可进行下一项目的设定。

自动清料：清除料管中的余料，可在此设定清料注射、清料储料、清料射退等各项数据，然后按调模方式键，转换

学习笔记

到粗调模方式，再按下射出键，机器将自动执行清料动作。自动清料循环动作依序为注射、储料、射退。执行自动清料功能时，必须停留在该画面，如果切换到其他画面，则“自动清料”输入项自动变为“不用”，即自动清料功能被关闭。

清料时间：清料进行的总时间，时间到立即结束清料。

清料次数：清料循环总计进行的次数，次数到立即结束清料。

（3）储料功能设定操作

按下手动键，在手动操作状态下，按画面切换键 F1，按 F2 键，然后按 F4 键，即可显示储料功能设定画面，如图 9-8 所示。

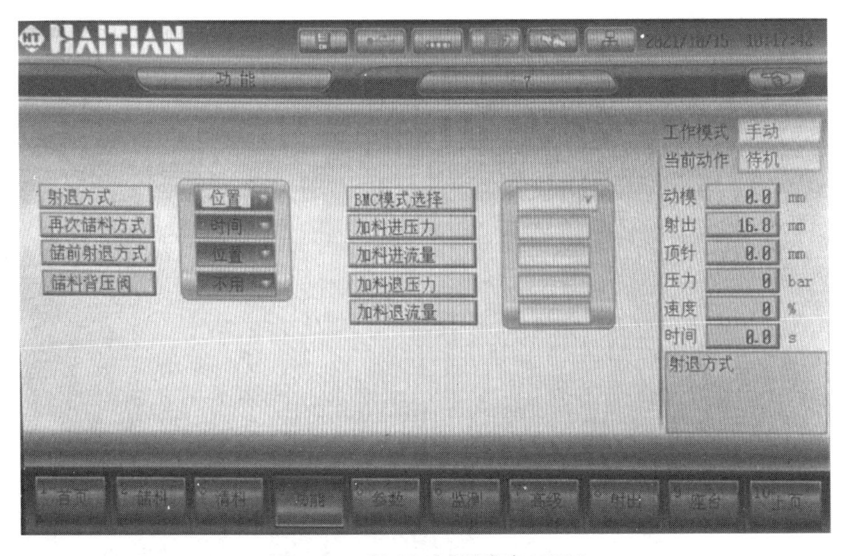

图 9-8　储料功能设定画面

在储料功能设定画面状态下，按游标键移动游标，选择储料功能设定项目，以数字键输入欲输入的数值后，再按确认键，即完成此项的设定。移动游标，则可进行下一项目的设定。

射退方式：

位置——射退动作由位置控制，即执行射退动作时螺杆

学习笔记

后退偏移的距离；

时间——射退动作由时间控制。

再次储料方式：

位置——再次储料的储料动作由位置控制；

时间——再次储料的储料动作由时间控制。

储前射退方式：

位置——储料前射退的射退动作由位置控制；

时间——储料前射退的射退动作由时间控制。

五、托模参数设定

（1）托模资料设定操作

按下手动键，在手动操作状态下，按画面切换键 F1，然后按 F5 键即可显示托模资料设定画面，如图 9-9 所示。

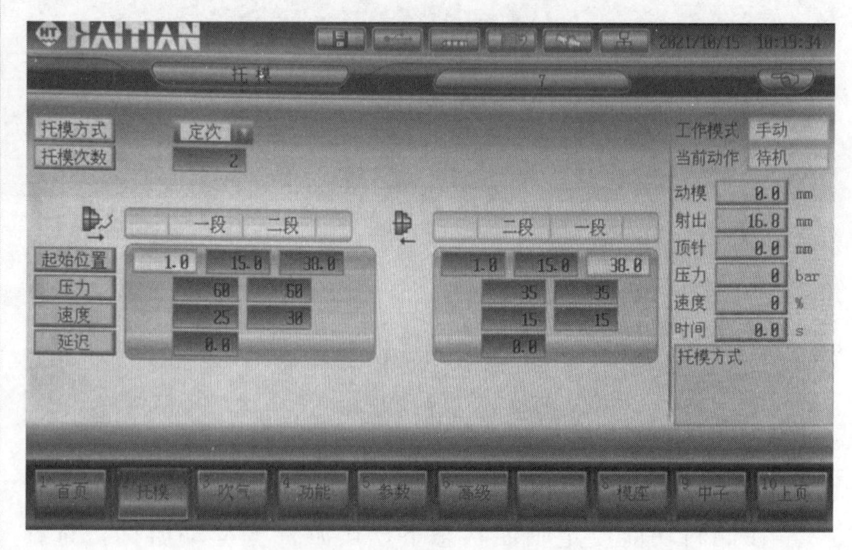

图 9-9　托模资料设定画面

在托模资料设定画面状态下，按游标键移动游标，选择托模资料设定项目，以数字键输入欲输入的数值后，再按确认键，即完成此项的设定。移动游标，则可进行下一项目的设定。

学习笔记

托模方式：

0——不用，顶针不使用，开模后不会进行顶针动作。

1——停留，顶针在顶出后立即停止，等待制品取出，关上安全门后才退回顶针，并开始新的一个工作循环。选用该托模方式时，机器限定为半自动方式，时间自动方式、电眼自动方式都无效。

2——定次，顶针顶出后又退回，然后再次顶出，执行次数由“托模次数”设定。

3——震动，与定位方式的区别在于顶针退回距离由时间控制，退回距离一般很小，产生顶针在顶进终止位置附近快速震动的效果。

托模次数：在定次、震动方式下，顶针进退的来回数。设定托模次数为0时，托模功能被关闭，即开模后不进行托模。

延迟：启动托模动作前，先延迟一段时间，然后再托模进；在首次托模进到位以后，先停留一段时间，然后再托模退。

(2) 托模吹气设定操作

按下手动键，在手动操作状态下，按画面切换键F1，按F5键，然后按F3键，即可显示托模吹气设定画面，如图9-10所示。

在托模吹气设定画面状态下，按游标键移动游标，选择托模吹气设定项目，以数字键输入欲输入的数值后，再按确认键，即完成此项的设定。移动游标，则可进行下一项目的设定。

吹气：提供固定及活动模板吹气功能，可做A～F六组吹气。

动作时间：吹气动作持续的时间。

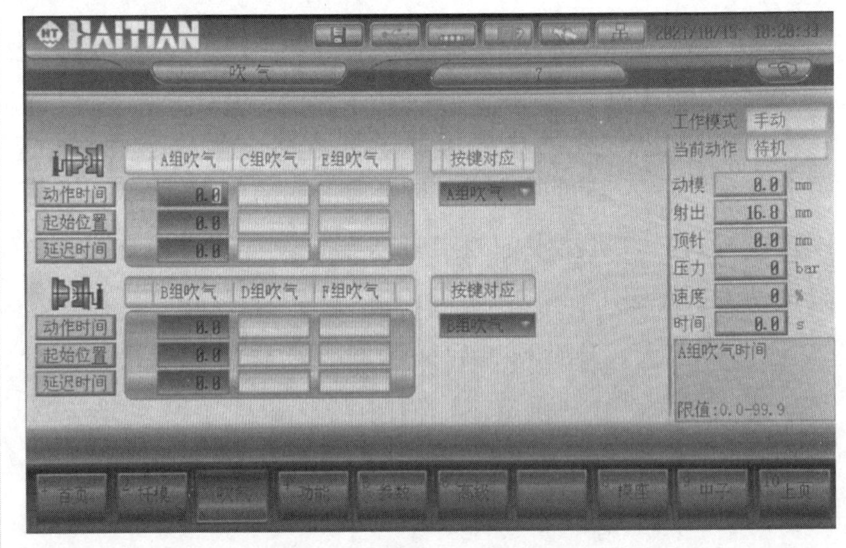

图 9-10　托模吹气设定画面

起始位置：模板到达该位置后，经延迟时间延时后，开始吹气动作。

延迟时间：模板到达起始位置后，经该延迟时间延时后，开始吹气动作。

（3）托模功能设定操作

按下手动键，在手动操作状态下，按画面切换键 F1 键，按 F5 键，然后按 F4 键，即可显示托模功能设定画面，如图 9-11 所示。

在托模功能设定画面状态下，按游标键移动游标，选择托模功能设定项目，以数字键输入欲输入的数值后，再按确认键，即完成此项的设定。移动游标，则可进行下一项目的设定。

电眼检出：选择“使用”，开启检物电眼功能，此时按下全自动键，机器运行在电眼自动模式，每模结束后检物电眼必须检测到物品掉落信号才继续下一模。

机械手使用：选择“使用”，在开模时给出机械手动作信号，并在关模时检查机械手退回到位信号。

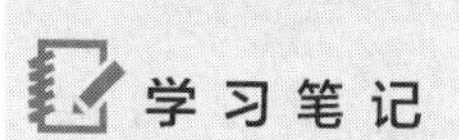

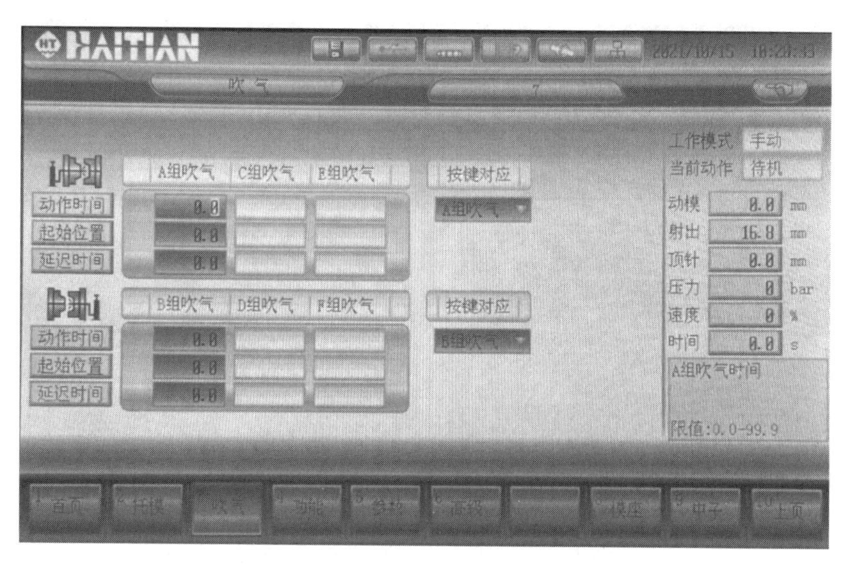

图 9-11　托模功能设定画面

再次托模：选择“使用”，在电眼自动模式时，托模后若电眼未检测到物品掉落，机器会进行再一次的托模动作。经再次托模，如果电眼检测到物品掉落，继续下一个循环；如果仍未检测到物品掉落，给出检物失败报警。

六、中子参数设定

（1）中子资料设定操作

按下手动键，在手动操作状态下，按画面切换键 F1，然后按 F6 键即可显示中子 AB 资料设定画面，如图 9-12 所示。

按下手动键，在手动操作状态下，按画面切换键 F1，按 F6 键，再按 F3 键即可显示中子 CD 资料设定画面，如图 9-13 所示。

按下手动键，在手动操作状态下，按画面切换键 F1，按 F6 键，再按 F4 键即可显示中子 EF 资料设定画面，如图 9-14 所示的。

学习笔记

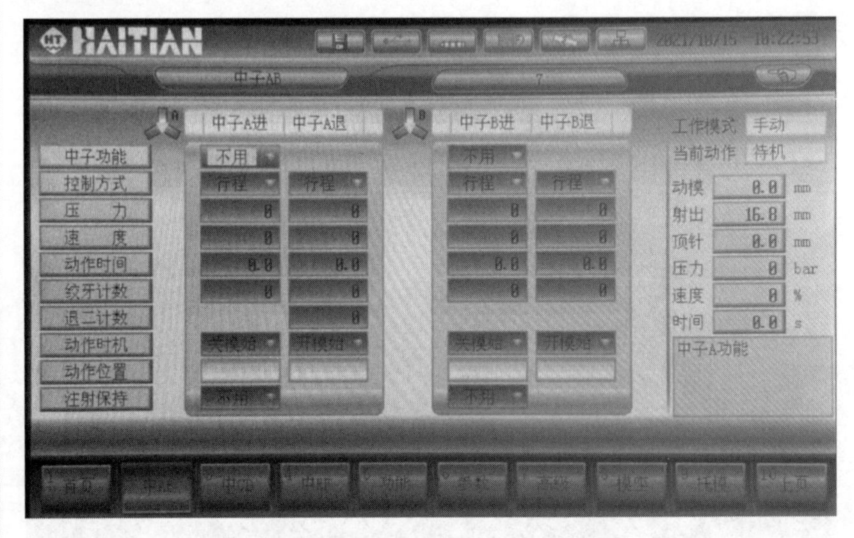

图 9-12　中子 AB 资料设定画面

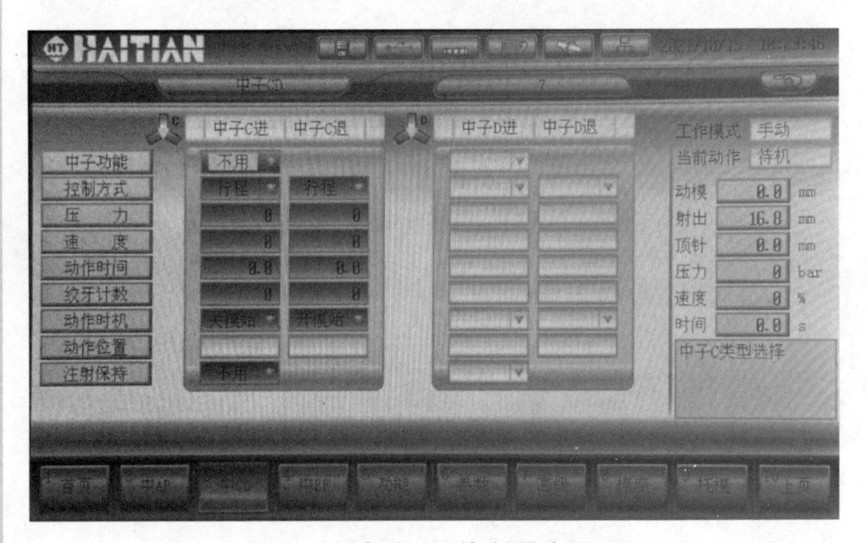

图 9-13　中子 CD 资料设定画面

在中子资料设定画面状态下，按游标键移动游标，选择中子资料设定项目，以数字键输入欲输入的数值后，再按确认键，即完成此项的设定。移动游标，则可进行下一项目的设定。

所谓中子，即模具的芯棒，芯棒是由油缸控制进出的；所谓绞牙，是指模具中有螺纹，由油马达驱动中子旋转绞出

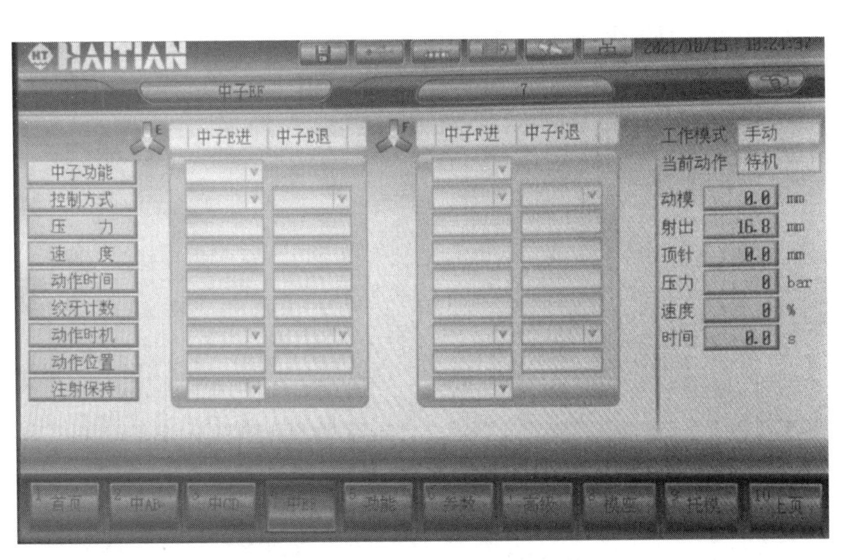

图 9-14　中子 EF 资料设定画面

学习笔记

螺纹。两者的主要区别是：射出动作时为防止弹出，如果设定中子类型，中子进阀是可以打开的，而如果设定绞牙类型，是不打开的，两者不可混用。

允许使用行程、时间、计数三种方式控制中子进退动作。使用时间方式时，中子进终、中子退终行程开关不用接，以时间控制中子进退动作；计数控制方式仅限于绞牙，此时需在机器上安装绞牙电眼。

控制方式：

0——行程，位置到，结束中子进或中子退动作，需装设到位行程开关。

1——时间，时间到，结束中子进或中子退动作。

2——计数，计数到，结束中子进或中子退动作，限于绞牙时使用。

计算机最多提供六组中子控制，但须参照机器油路配备而定。每组中子皆可按要求分开设定压力、速度、动作时间、动作位置。

动作时机：中子执行的时机，可以是动作前、动作后、

学习笔记

动作中途，如果是动作中途，则取决于动作位置。

注射保持：射出时，为防中子弹出，可以选择该项，射出时中子进阀也打开。

（2）中子功能设定操作

按下手动键，在手动操作状态下，按画面切换键 F1，按 F6 键，然后按 F5 键，即可显示中子功能资料设定画面，如图 9-15 所示。

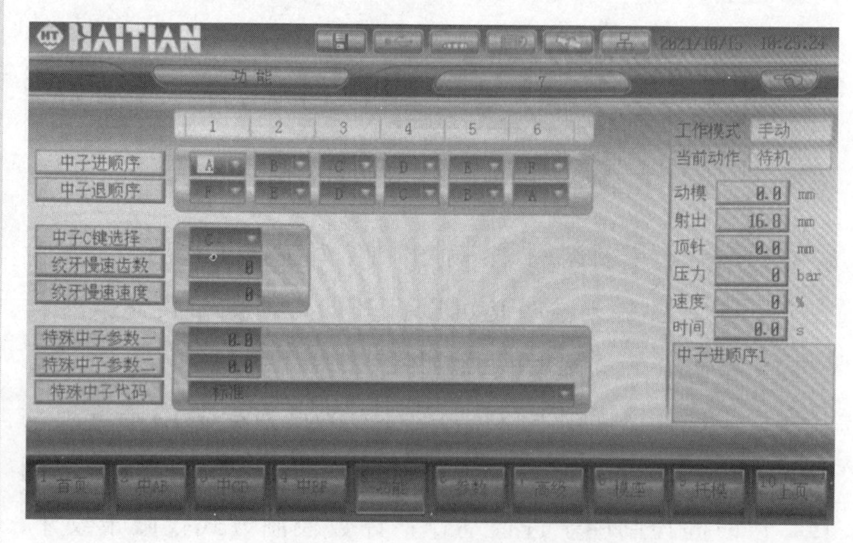

图 9-15　中子功能设定画面

在中子功能设定画面状态下，按游标键移动游标，选择中子功能设定项目，以数字键输入欲输入的数值后，再按确认键，即完成此项的设定。移动游标，则可进行下一项目的设定。

可根据生产实际需求设定数值。

七、座台参数设定

按下手动键，在手动操作状态下，按画面切换键 F1，然后按 F7 键，即可显示座台资料设定画面，如图 9-16 所示。

学习笔记

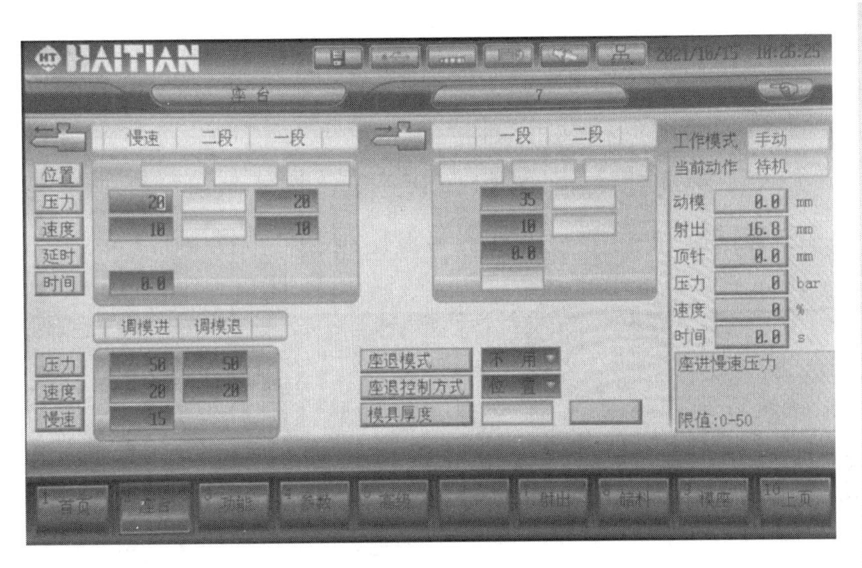

图 9-16 座台资料设定画面

在座台资料设定画面状态下，按游标键移动游标，选择座台资料设定项目，以数字键输入欲输入的数值后，再按确认键，即完成此项的设定。移动游标，则可进行下一项目的设定。

座台进动作有座进快速、座进慢速两种。在压到座进终行程开关后，座进快速切换为座进慢速。

座台退动作由行程开关和座退时间同时控制。

调模进（退）：执行调模进（退）时先按调模参数中设定的压力、速度进行，检测到调模电眼信号后切换到本画面设定的压力和速度继续执行调模进（退）。

座退模式：在自动模式时，选择座台是否退回及退回时机：

0——不退，每个循环中座台都不退回；

1——储后，在储料后，退回座台；

2——冷后，在冷却时间到后，退回座台；

3——射后，在射出以后，立即退回座台。

学习笔记

八、温度参数设定

（1）温度资料设定操作

按下手动键，在手动操作状态下，按画面切换键 F1，然后按 F8 键，即可显示温度资料设定画面，如图 9-17 所示。

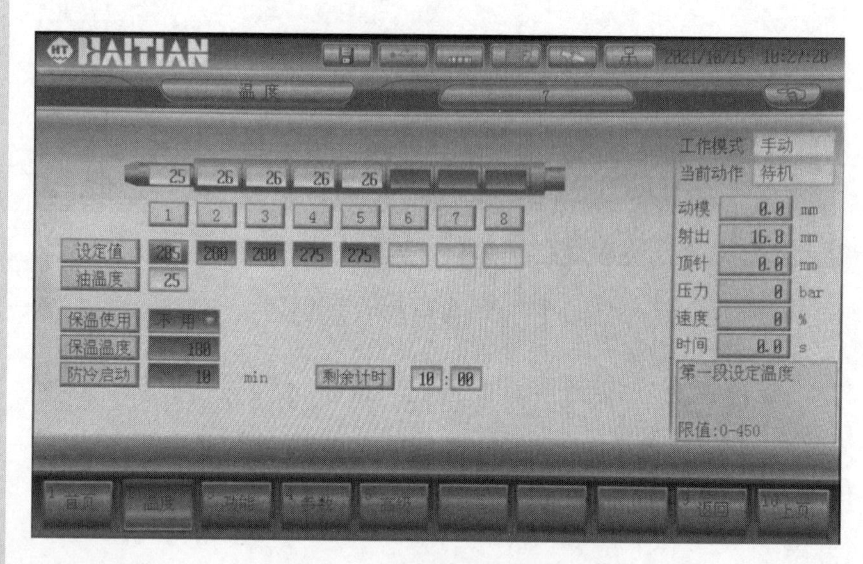

图 9-17　温度资料设定画面

在温度资料设定画面状态下，按游标键移动游标，选择温度资料设定项目，以数字键输入欲输入的数值后，再按确认键，即完成此项的设定。移动游标，则可进行下一项目的设定。

温度：设定各段料筒的目标温度，并显示各段料筒实测的温度及状态。

保温使用：

0——不用，正常加温；

1——使用，此时料筒温度被加热到保温温度。

保温温度：保温功能打开时，料筒温度保持的目标温度。

防冷启动：料筒温度加热到允许的偏差范围内后，持续保温至该处设定的时间，再允许进行注射、射退、储料、清料等动作。

（2）温度功能设定操作

按下手动键，在手动操作状态下，按画面切换键 F1，按 F8 键，然后按 F3 键，即可显示温度功能设定画面，如图 9-18 所示。

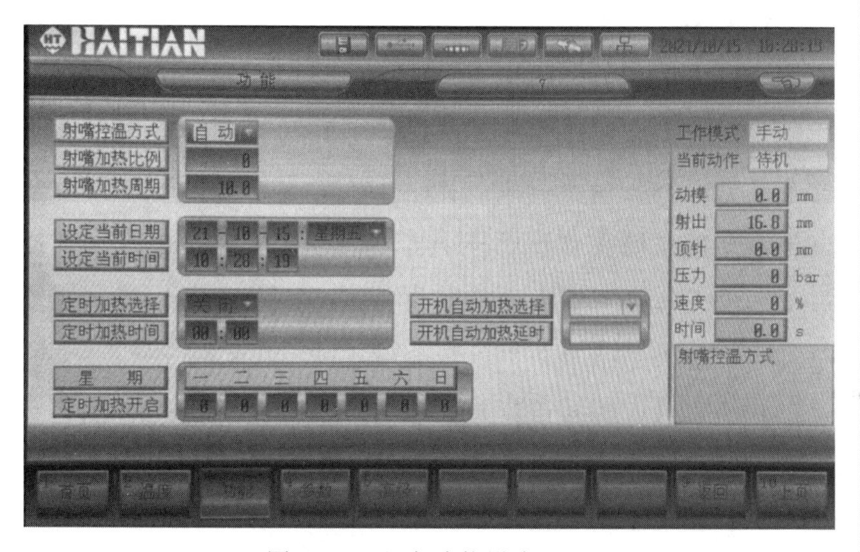

图 9-18 温度功能设定画面

在温度功能设定画面状态下，按游标键移动游标，选择温度功能设定项目，以数字键输入欲输入的数值后，再按确认键，即完成此项的设定。移动游标，则可进行下一项目的设定。

射嘴控温方式：

0——自动，射嘴段采用 PID 算法控温。

1——比例，射嘴段按照设定的周期和比例执行加热。

射嘴加热比例：射嘴段采用比例方式控温时，一个周期中射嘴段加热输出的时间比例。

射嘴加热周期：射嘴段采用比例方式控温时，射嘴段加

学习笔记

学习笔记

热输出重复周期时间。

定时加热选择：利用此功能可以实现在指定时间自动开启电热。设置过程为：在温度画面设置合适的目标温度，并在本画面校准时间，选择定时加热为“使用”，然后设置定时加热时间及一个星期中使用该功能的日期。

【知识延伸】

1. 合模工艺参数

（1）合模压力和速度

注塑周期是从注塑模具的闭合开始的，模具的闭合由合模系统完成。合模系统应能提供较快的合模速度和较低的合模压力，而在模具移动过程中应降低合模压力及速度，在最后闭合瞬间切换到高压低速锁模。

（2）系统锁模力

系统锁模力的调整方法：对于液压式合模系统，只要调整合模时的液压力即可。对于液压-机械式合模系统，要通过调模装置调整模板间距离，从而调整系统锁模力。

2. 温度工艺参数

（1）料筒温度

注塑机料筒分为三段。第一段为加料段，在靠近料斗处的位置，温度要低一些，保证较高的固体输送能力；第二段为压缩段，物料在该段逐渐熔融，该段温度设定一般比所用塑料的熔点或黏流温度高10～25℃；第三段为计量段，该段物料呈全熔融状态，该段温度设定一般要比压缩段高出10～25℃。

（2）喷嘴温度

喷嘴具有加速熔体流动、调整熔体温度、使物料均化的作用。喷嘴与模具直接接触，如果不加控制，其温度会很快下降，导致熔体在喷嘴处冷凝而堵塞喷嘴孔；熔体在通过喷

学习笔记

嘴时产生的摩擦热会提高熔体的温度，若不加控制，会使熔体发生分解，影响制品的质量。喷嘴温度过高会使熔体产生流涎现象。

（3）模具温度

为了提高制品的外观质量和内在性能，需要控制模具温度。模具温度一般是通过冷却介质来控制，一些特殊情况下可采用电热丝（或电热棒）控制。

3. 储料工艺参数

（1）储料行程

注塑机在储料时，螺杆旋转后退的距离称计量行程或储料行程。

计量行程和产品的精度有关。如果计量行程太小，会造成储料量不足，反之则会使料筒每次射出的余料太多，使熔体过热而发生分解。

（2）塑化压力

螺杆头部熔体在螺杆转动后退时所受到的压力称塑化压力或背压。塑化压力对熔体温度影响是非常明显的。塑化压力增加了熔体内压力，加强了剪切效果，产生剪切热，从而提高了熔体的温度。

（3）螺杆转速

螺杆转速与物料在螺杆中输送和塑化的热历程和剪切效应有关。随螺杆转速提高，熔体温度提高。

4. 射出工艺参数

（1）射出压力

射出压力是指螺杆或柱塞端面处作用于熔料单位面积上的力。在射出成型时，为了克服熔料流经喷嘴、流道和型腔时的流动阻力，螺杆或柱塞对熔料必须施加足够的压力。

射出压力的大小要根据实际情况选用，主要与射出成型机结构、流动阻力、制品形状、塑料性能、塑化方式、塑化温度、模具结构、模具温度和对制品精度要求等因素有关。如熔体黏度高的物料（PVC、PC等）比熔体黏度低的物料（PS、PE等）所用的射出压力高；制品为薄壁、长流程、大面积、形状复杂件时，射出压力应选高一些；模具浇口小时，射出压力应取大一些。

在实际生产中，射出压力应能在射出成型机允许的范围内调节。若射出压力过大，则制品上可能会产生飞边；制品在模腔内因镶嵌过紧造成脱模困难；制品内应力增大，强制顶出会损伤制品，影响射出系统及传动装置。若射出压力过低，易产生缺料和缩痕，甚至根本不能成型。通常，一般性的塑料制品的射出压力在40～130MPa范围内调整。

（2）射出速率

射出时，为了使熔料及时充满型腔，除了必须有足够的射出压力外，熔料还必须有一定的流动速率。描述这一参数的有射出速率、射出速度和射出时间。

射出速率的高低，主要取决于熔料的流动性、成型温度范围、制品的壁厚和熔料的流程等。当生产薄壁、长流程、熔体黏度高或有急剧过渡断面的制品、发泡制品及成型温度范围较窄的塑料制品时，应使用较高的射出速率；对于厚壁或带有嵌件的制品，使用较低的射出速率。

由于制品相对于射出方向的各横截面积总是不一样的，用一种射出速率很难得到质量较好的制品。因此，在射出过程中要求使用分级射出速率。对于射出速率的调整，在使用液压传动的射出成型机上，只要在射出成型回路中增设调速回路，并与大、小泵的溢流阀配合使用，便能达到多级调速的目的。若用电磁比例流量阀就更方便了，因为它至少有20%～100%的调节范围。

学习笔记

(3) 射出时间

射出时间一般不宜太长，模腔充满后就相当于在射出压力下保压，时间太长会使制品的取向应力增加。射出时间与塑料的流动性、制品的几何尺寸和形状、模具浇注系统形式、射出速率、射出压力以及其他工艺条件有关，一般制品的充模时间为3～10s。

(4) 保压

在射出过程中，模腔内熔料的压力是变化的。开始阶段，螺杆将熔料注入模腔，随着熔料的不断充满，压力迅速上升；当熔料完全充满模腔后，因制品冷却收缩，压力有所下降，为了保证制品的密实程度，需对制品进行补缩，螺杆对熔料仍需保持一定的压力，称为保压。

实际生产中，保压压力的设定可与射出压力相等，一般稍低于射出压力。当保压压力较高时，制品的收缩率减小，表面光洁程度、密度增加，熔接痕强度提高，制品尺寸稳定，缺点是脱模时制品中的残余应力较大，易产生溢边。

保压时间根据浇口的冷却情况决定。如果延长保压时间，在一定范围内取向应力增大，会使模腔压力提高，有助于减小温度所产生的收缩应力。但浇口冷却后延长保压时间就不再会产生影响。通常选取的保压时间范围为2～20s。

任务十 辅助注塑设备的认知及操作

一、干燥机

在注塑生产中，容易吸湿以及易水解的物料通常用干燥

学习笔记

机进行干燥处理。为了满足生产需要，大多数注塑机会配备干燥机，在普通料斗的基础上，增加风机、电加热、温控器等组件，图 10-1 所示为料斗式干燥机。

图 10-1　料斗式干燥机

注意：各种塑料的干燥所需时间和温度不同，可参考表 10-1。在开始成型工作之前，必须使塑料充分干燥，进入成型工作后，只要定时填料，即可连续进行干燥，无需间断。

表 10-1　塑料的吸水率及干燥温度、时间参考表

塑料材料	吸水率/%	干燥温度/℃	干燥时间/h
ABS	0.4	80	3～4
PA66	7	80	4～6
PC	0.3	120	3～4
PE	0.01	90	1

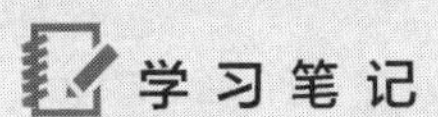

续表

塑料材料	吸水率/%	干燥温度/℃	干燥时间/h
PP	0.01	90	1
PS	0.1～0.3	85	2～3
POM	0.12～0.25	90	2～4
PVC	0.1～0.4	70	1

干燥机操作面板如图 10-2 所示，面板上有风机开关、加热开关和温度控制面板。温度通过上下键进行调节，并在显示区域显示设定温度与实际温度。

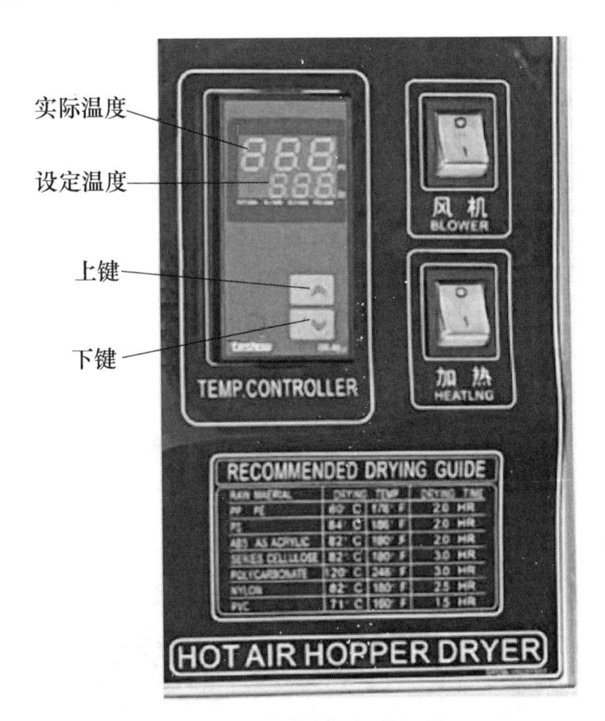

图 10-2 干燥机操作面板

（1）干燥机的操作

① 打开总电源，启动马达，打开冷却水和气管；

② 输入注塑材料的干燥温度，根据材料干燥时间和生产工艺，调整料位感应器的位置，打开加热开关；

③ 确认干燥机放料滑动闸门关死及放料口封好后，加

入原料，打开吸料机开关。

（2）干燥机使用注意事项

① 异常报警时，根据报警原因，解除故障后，报警会自动解除。

② 如果同种材料连续生产，则每四天对干燥机清扫一次；当更换生产材料时，必须对干燥机进行清理。

③ 停机时，先降温至 60℃左右，然后依次关闭操作操作面板上的加热开关、风机开关，关闭总电源，关闭水循环。

二、吸料机

吸料机是自动向注塑机的料斗输送物料的设备。通过设定的吸料时间、间隔吸料时间完成自动吸料，如图 10-3 所示。

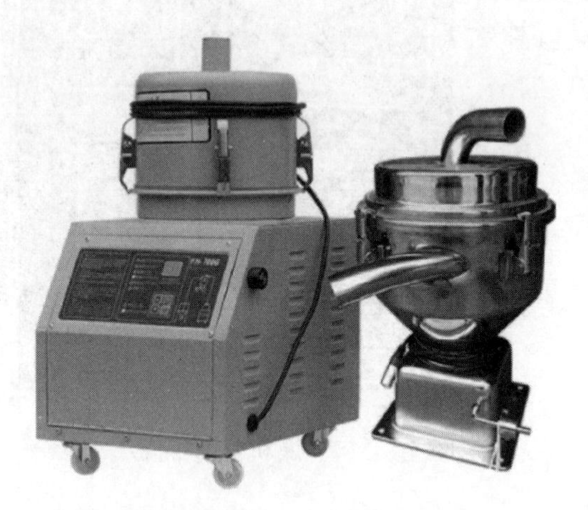

图 10-3 吸料机

吸料机操作面板如图 10-4 所示。

按下启动/停止键，可进行吸料作业或停止吸料作业。

在停机状态下，按下功能选择键后，可进行功能选择。

选择功能完成后，按▲键或▼键，可设定吸料时间以及

学习笔记

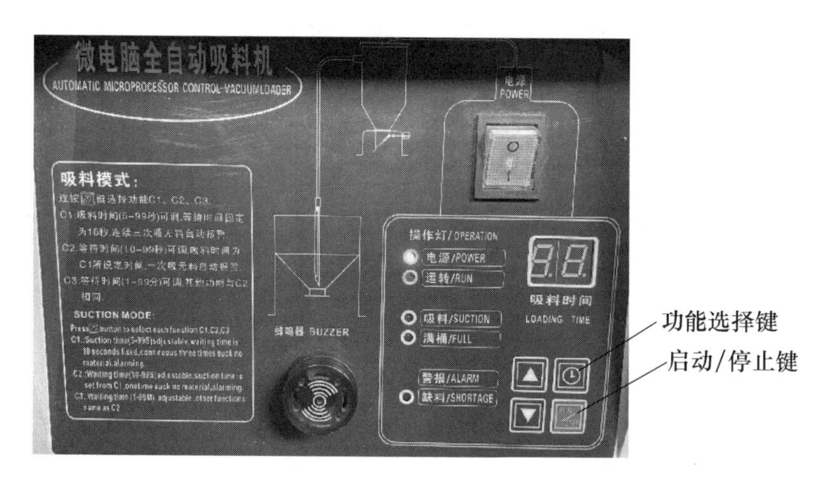

图 10-4　吸料机操作面板

停机时间。

时间和功能设定完毕后，按启动/停止键可开机。

（1）吸料机操作

① 按电源键，打开电源。

② 根据工艺要求设定吸料时间，一般设定为 20 秒。

③ 启动设备即可进行自动吸料作业。

（2）吸料机使用注意事项

① 定期检查并清洗或更换空气过滤网；

② 当吸力减弱时应立即清理或更换滤网；

③ 吸料机的出风口不要对准注塑机配电柜，避免粉尘被吹进配电柜引起事故。

三、模温机

模温机是将冷却水或者油输入模具冷却系统从而控制模具温度的设备，如图 10-5 所示。模温机可以根据模具温度的变化进行冷却降温或电热升温，自动控制模具温度保持在原先设定的温度。使用模温机可以准确控制模具温度，使制件的冷却速率均匀一致，可避免制件产生缩水、变形、水波

学习笔记

纹、夹口纹、应力开裂、翘曲、泛白等缺陷。

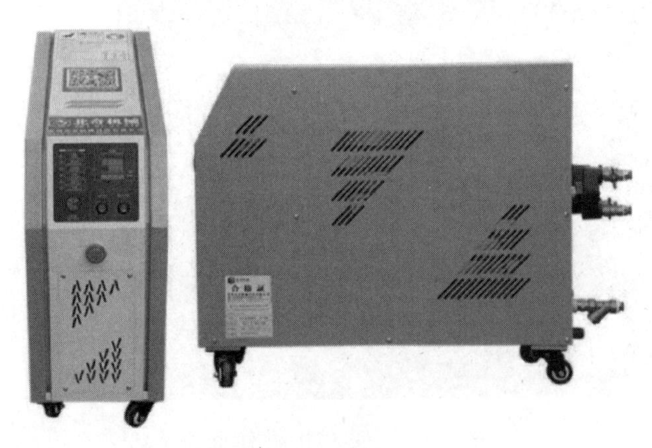

图 10-5　模温机

模温机操作面板如图 10-6 所示。其中 SV 为现设定温度，PV 为实际温度。

图 10-6　模温机操作面板

（1）模温机操作

① 打开出入水阀门，然后再开启电源，待设备运行正常后开启油泵开关。注意：若出现缺油警报，请加油至满油灯亮为止。

② 调节温控表（以 100℃为例），设置初界面，如图 10-7 所示。

学习笔记

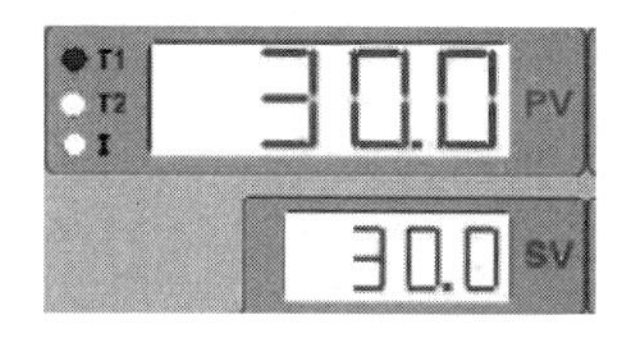

图 10-7　设置初界面

③ 在机组运行状态时按⇩键进入设定参数修改界面，此时参数修改界面显示如图 10-8 所示。

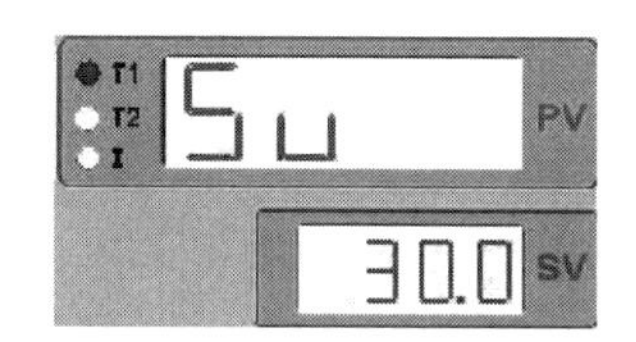

图 10-8　参数修改界面 1

④ 按下“SET”设定键就可以进入修改参数界面，此时参数修改界面 2 显示如图 10-9 所示。此时数字会闪动。

⑤ 按⇧和⇩键调整温度设置，在修改完成后再按“SET”设定键，设定好的界面显示如图 10-9 所示，此时数字不再闪动。此时模温机根据设置参数开始运行。

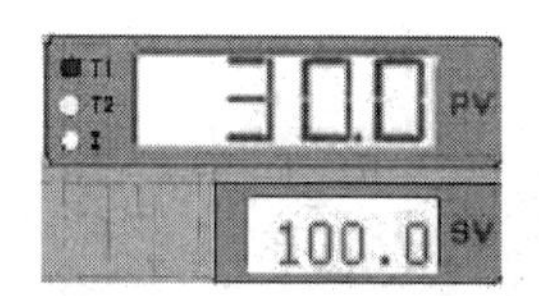

图 10-9　参数修改界面 2

（2）模温机使用注意事项

① 初次使用模温机，要排空机器、配管和模具内的空气；

② 保持散热水塔中冷却水水清洁，保持过滤器干净无堵塞；

③ 要定期更换与清理传热油（或水）；三个月须更换一次；

学习笔记

④ 每两周进行一次滤网清扫；

⑤ 每一个月进行一次电磁阀清扫；

⑥ 主机（包括外部连接的阀门和配管）在运转中处于高温状态，停止运转后余温仍很高，当主机及配管降到40℃以下时才可以用手触摸；

⑦ 严禁高温下拆除模具运水管路，以防喷出高温油雾，烫伤身体。

【知识延伸】

1. 行车吊索具

行车也叫天车，是横架在注塑车间上方，用来吊运模具的机械设备，如图 10-10 所示。行车通过吊索具来进行模具的吊装，吊索具是行车主体与被吊物之间的连接件，也是吊索和吊具的统称。常用的金属类吊索具包括钢丝绳、卸扣、吊环、吊钩等。

图 10-10　注塑工厂行车

（1）钢丝绳

钢丝绳能够长距离传递负载，自重轻，承载安全系数大，使用安全可靠。钢丝绳使用前要检查核对规格和型号，承载力不能超过许可工作载荷，外观要平直，不能出现扭

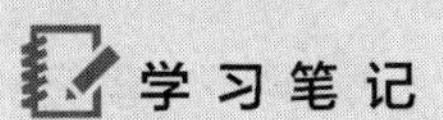

曲、损坏等现象。见图 10-11。

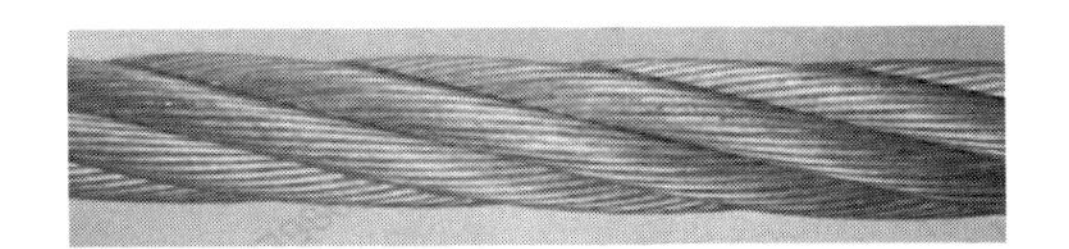

图 10-11 钢丝绳

(2) 卸扣

卸扣是索具的一种，是机械工程中常用的连接器材，如图 10-12 所示。使用卸扣时要注意要避开设备棱角，严禁侧向受力，一旦受损禁止焊接修补。

图 10-12 卸扣

(3) 吊环

吊环是用于连接锁具的连接装置，外观如同一个圆环，如图 10-13 所示。吊环的材料通常需要有很高的抗拉强度，一般为钢制结构。吊环使用时要确保螺纹和金属底座咬合完好，吊环与提升物体之间不能有缝隙。禁止使用任何部位有损伤的吊环，禁止在吊环与安装面间使用垫片。

(4) 吊钩

吊钩最常用的一种吊具，借助于滑轮组等部件挂在起升机构的钢丝绳上，如图 10-14 所示。吊钩使用时要确保安全

学习笔记

图 10-13　吊环

舌的弹簧状态完好，能使安全舌抵住吊钩的尖端，安全舌不能压在负载下，吊钩的承重钩处不能有过度磨损。

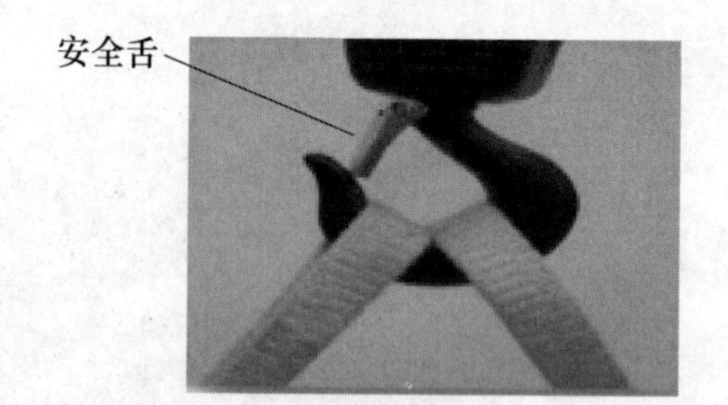

图 10-14　吊钩

2. 注塑模具吊装工艺标准

① 吊运模具前，首先对吊具、吊环、U 型环进行完好性检查，根据模具重量选择合格且载荷达标的吊运工具进行吊装作业；

② 吊环与模具的吊环装配孔必须完全用螺纹扭转紧固到位，并回转半圈；

③ 吊环与 U 形环锁环螺钉处接触吊运，不得反方向吊运；

④ 吊运模具运行时，离地不能超过 30cm ；

⑤ 人员保持距模具 3m 以外操作行车控制手柄；

⑥ 当需要人工控制落点位置和方位时，人身体保持离

学习笔记

被吊物品覆盖面0.5m以外，伸手慢慢调整落点位置；

⑦ 吊运全程应有不少于两人在现场监督作业，一人操作行车，一人从不同方位观察模具吊运过程中状态变化，有异常立即停止吊运。

任务十一　模具安装

一、模具安装前的准备

1. 工具的准备

① 劳保用品的检查。安装模具时，操作人员应穿戴符合安全规定的工作服、安全鞋、安全帽、手套；禁止穿宽松外衣，佩戴戒指、手镯、手表等饰物。劳保用品如图11-1所示。

图11-1　劳保用品

② 装模工具设备的准备。准备好安装模具所需的工具和设备，如吊环、铜水嘴、生料带、带气枪、盛水盒、工具盒、火花油壶、抹布、扳手（24＃、26＃、32＃各一把）、小活动扳手、推车、吊装设备等，如图11-2所示。

学习笔记

图 11-2 装模工具设备

2. 模具状态确认

① 根据生产需要或换模通知单，确认待安装模具信息，以防止装错模具。

② 若模具首次在该注塑机上安装，则需要测量模具尺寸，确认符合安装要求。

③ 检查模具进料嘴及定位环，如图 11-3 所示。

图 11-3 检查模具进料嘴和定位环

④ 检查模具冷却水路，保持模具冷却水路的通畅，如图 11-4 所示。

学习笔记

图 11-4　检查模具冷却水路和锁模块

⑤ 动、定模型腔表面的检查，并清理动、定模表面，如图 11-5 和图 11-6 所示。

图 11-5　定模型腔表面检查

⑥ 模具搬运过程中，需检查是否具备锁模块。

3. 注塑机的准备

① 开启注塑机电源，点按注塑机手动按钮，使注塑机处于手动状态。

② 启动注塑机油泵，检查安全门功能是否正常，检查

学习笔记

图 11-6　动模型腔表面检查

急停按钮的功能。

③ 执行开模动作，使注塑机的动、定模板之间有足够的空间安装模具，如图 11-7 所示。

图 11-7　检查注塑机的动、定模板间距

④ 检查注塑机动模板上顶出杆，顶出杆回位后顶针端面不可高出机器模板，如图 11-8 所示。

⑤ 检查注塑机注塑座台，确认注塑座台后退到底，如图 11-9 所示。

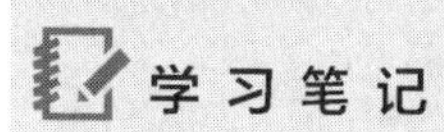

图 11-8　检查注塑机动模板上顶出杆

图 11-9　检查注塑座台后退情况

⑥ 用抹布擦去注塑机模板上的油脂、异物，再喷上火花油，用铜刷或细油石去锈，再用抹布擦拭干净。如模板清洁干净，可略去该步骤，如图 11-10 所示。

⑦ 设置参数，锁模力设置为 5MPa 左右，锁模速度设置为慢速，一般设定为 10mm/s。

二、模具安装

① 检查模具是否完好，各连接螺栓是否紧固可靠，确

学习笔记

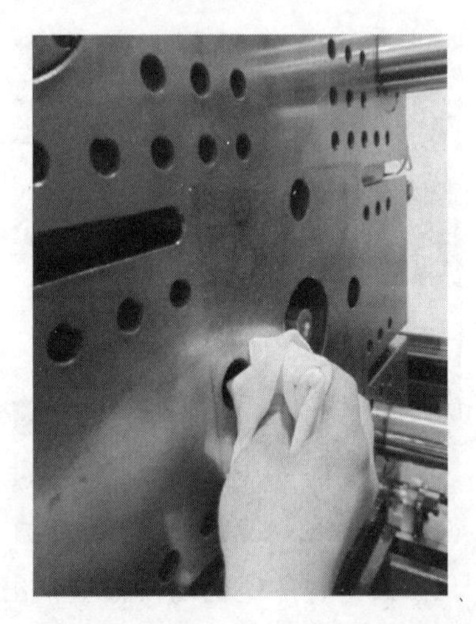

图 11-10　检查并清洁注塑机模板

认后再行安装。

② 检查设备是否完好，安全装置是否齐全可靠，顶针位是否匹配。

③ 将模具装上吊环，吊环用手锁到底后再放松一圈（模具的吊环要拧入模具螺孔的四分之三以上，或旋入深度为 1.5D，D 为吊环螺纹部分直径），一般 250t 以下机台的模具可用一个吊环，250t 以上的机台模具必须用两个吊环，用两个吊环时应使两吊环保持平行。

注意事项：吊环要装在模具正中央，一般装在公模板上，吊环旋入模具至少八圈以上，但又不可全部旋入模具，须预留半圈，以防止吊环螺牙或模具内螺纹损坏，如图 11-11 所示。

④ 吊运模具。将吊装设备移至模具的正上方，并将吊钩钩住模具，吊起模具，如图 11-12 所示。吊运模具时，人要与模具保持一定距离，呈斜 45 度角；模具在吊往机台的过程中，有通道的话，一定要用平移吊模法（平行地面 30～40cm 高度）。

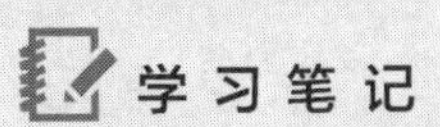

图 11-11　模具吊环安装

图 11-12　模具吊运

注意事项：吊装设备的链条拉住模具时，链条必须与地面垂直；模具刚吊起时，应观察动、定模是否会分离，如有分离的趋势，则应放下模具，给模具安装上锁模片或将模具合紧后，把定模也装上吊环，用铁丝将其与动模固定，使其不能分离后再吊模具，如图 11-13 所示，将模具平移至拉杆

学习笔记

内，初步确定模具位置。

图 11-13　吊模入机

将模具吊起至其底部至少高出注塑机最高部位 10cm 左右时，一手扶住模具，缓慢下降，平稳地把模具放入机台中，初步确定模具安装位置，如图 11-14 所示。

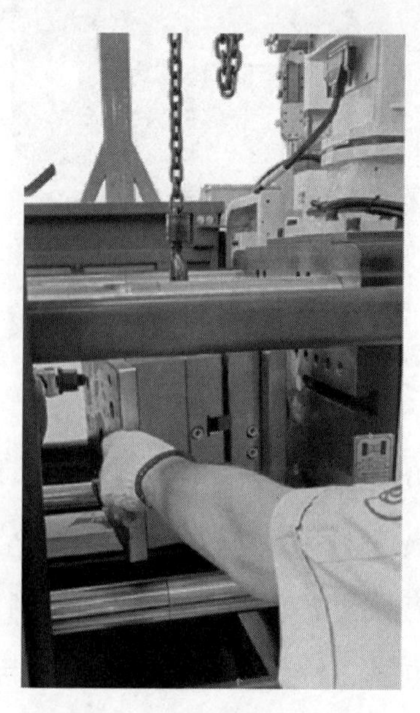

图 11-14　模具定位

学习笔记

注意事项：模具横移至注塑机机台中时，必须用手扶住模具，避免模具撞击机械手及其他部件；当模具重心偏向锁模部位时，模具定位环应稍高于注塑机定位环，模具重心偏向射出部位时，模具定位环应稍低于机器定位圈；较大型模具宜两人合作，操作较安全且效率较高；模具初步定位时必须用手推模具或链条，严禁用手推滑道；模具绝对不能碰伤机器四边的格林柱，大型模具必须由两人操作。

⑤ 定位圈定位。调整好模具的高度和位置，使模具定位圈和注塑机定模板定位孔对准；通过吊装装置把模具推向注塑机定模板，定位圈顺畅地卡入定模板定位孔内，如图11-15 所示。

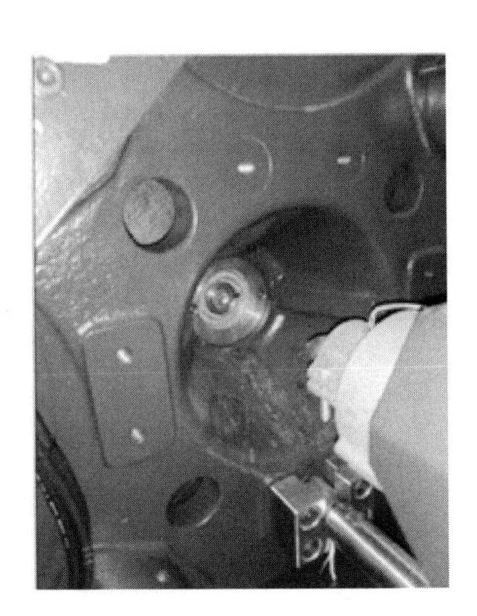

图 11-15　定位圈定位

⑥ 压紧模具并固定。启动注塑机马达，手动模式下，低压低速压紧模具，可稍稍放松吊链，如图 11-16 所示，此时可进行料筒与模具中心的对中检查。

⑦ 用压板（夹具）进行固定。大小不同的机台安装压板的数量是不一样的：一般 350t 以下为 4×4（动模 4 个压板，定模 4 个压板）；800t 以下为 6×6，800t 以上须 8×8

学习笔记

图 11-16 压紧模具

以上（有些模具由于太小或者太薄，空间不够时，也可采用对角方式安装压板，即动模 2 个压板，定模 2 个压板）。安装压板时，应使压板平行于设备模板。

模具固定时，夹具的前端与模具留有 1～2mm 的间隙，如图 11-17 所示。垫块的高度不可过低或过高，应使垫块的高度略高于模脚的高度，夹具基本保持水平，见图 11-18；压板固定螺栓位置应在压板孔的中间或靠近模具侧，见图 11-19。

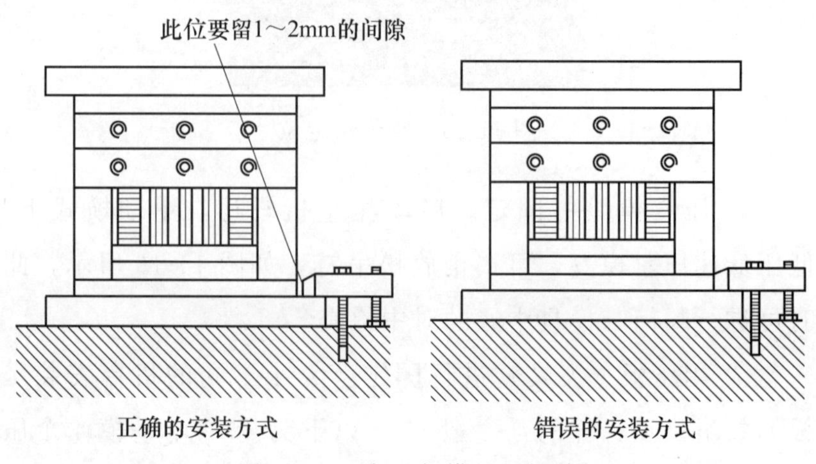

图 11-17 夹具与模具的间隙

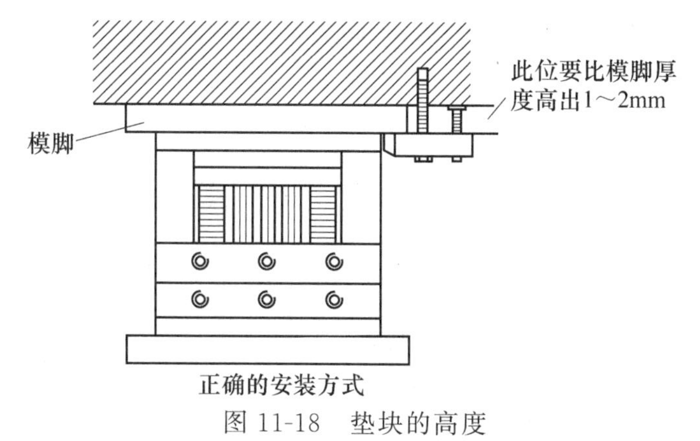

图 11-18　垫块的高度

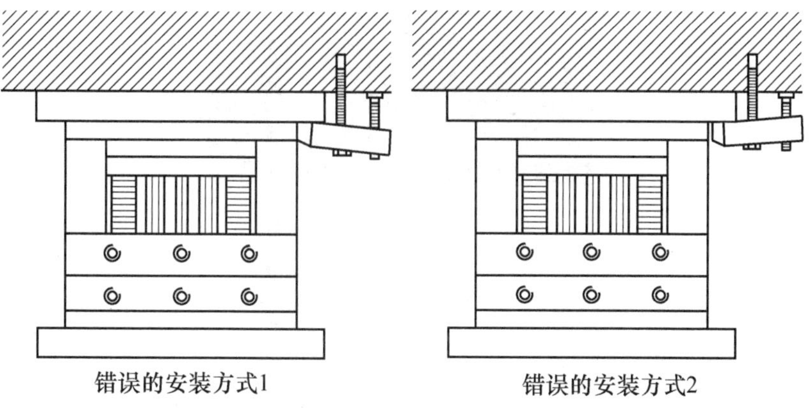

图 11-19　压板固定螺栓位置

学习笔记

目前固定模具的夹具的种类也很多，有些新型的夹具用起来更加方便。免垫块弯形夹具固定模具如图 11-20 所示。

图 11-20　免垫块弯形夹具固定模具

学习笔记

⑧ 模具固定后，取下吊环之前，一定要先取下锁模块，防止后续遗忘，如图 11-21 所示。

图 11-21 取下锁模块

⑨ 吊装设备归位，放松吊装设备链条，拆下吊钩、吊环，将吊装设备归位。

注意事项：模具安装未完成时不可放松吊装设备链条；将吊装设备归位至注塑机后安全门上方，以不妨碍机械手等的操作。

三、冷却水路的连接

将模具固定完毕后，可松开吊环上的吊钩，移走起吊装置，通常按模具生产温度需要而与各种冷却设备连接，例如模温控制机、工业冷水机、水循环冷却管路等。图 11-22 所示为模具冷却水路连接，在水路连接上需掌握一个总体原则，即模具上的每个水道以入口和出口为一组，而且进水口要低于出水口或平行流动，方可保证冷却效果良好。如将模具上的多组水路串接为一组使用，将会严重降低模具的冷却速率，会因其中的一组水路不畅而影响其他组的水流量。

学习笔记

图 11-22　模具冷却水路连接

四、调模操作

1. 模厚调整

注塑机的模厚调整一般都有自动调模和手动调模两种方式。

（1）自动调模操作步骤

在模具安装前，先用尺量取成型模具的厚度，此值必须在注塑机的容许范围之内。

打开注塑机电源，启动油泵，在手动操作状态下，按下开模键，手动开模至停止位置。按调模使用键，输入模具厚度值，此值应略小于实际测量值。按下自动调模键，注塑机将自动调整容模厚度，当调模完成，自动停止调模，若欲中途停止动作，必须再次按下调模使用键。

安装模具时按相应模具安装操作步骤进行。

（2）手动调模操作步骤

选择手动调模时，在模具安装前，先用尺量取成型模具

学习笔记

的厚度，此值必须在注塑机的容许范围之内。

打开注塑机电源，启动油泵，在手动操作状态下，按下开模键，手动开模至停止位置。先按调模使用键，再按调模退键，此时为手动调模后退，模具向后调整，将加宽活动板的容模厚度，锁模力降低。

按调模使用键，再按调模进键，此时为手动调模前进，将缩短活动板、固定板的容模厚度，锁模力增大。

安装模具时按相关模具安装操作步骤进行。

调整锁模力，锁模力一般不宜调至过高，调节时，以注塑机曲轴伸直，且油压表上压力显示在系统压力的50%～70%之间即可，通常锁模力的调整以注塑成型制品无毛边时的最小压力为佳。

平行度不良的模具，宜修复后再使用，切勿以提高锁模力来勉强使用。

注意事项：当选择调模功能时，机械的部分功能会暂时消失，等动作完成后再取消调模功能选择键，便可立即恢复，行程限位器动作时，会切断调模动作。

2. 低压锁模调整

低压锁模能防止塑料制品或毛边未完全脱离模穴而锁模时再次压回模穴，造成模具受损，故其调整极为重要。通常低压范围行程视成品本身的深度做适当的调整，过长的低压保护范围将浪费周期时间，过短则容易损伤模具。

调整方法：以成品厚度的倍数来设定低压位置，通常低压行程中压力的设定必须小于40%，非必要时勿调高压力。

3. 高压锁模调整

锁紧模具所需瞬间高压启动的位置如果调整不当，容易使模具受损，其压力设定值大小和调模位置有连带关系，通常由低压锁模位置设定。调整操作方法为：在手动操作方式

学习笔记

下，按下合模键，合模至模具密合但曲轴不完全伸直的状态，同时按下开模键和功能键，注塑机将自动设定高压启动位置。若未产生高压而曲轴已伸直，则表明调模不当，容模厚度太宽，则往前调。

高压锁模（由小→大）可由压力表上看到那一瞬间的锁模压力。若在最高压力时曲轴仍然无法伸直，则表明调模不当，容模厚度不足，必须重新往后调。

4. 锁模终止调整

锁模终止后将切断锁模动作，在注塑机自动运行操作时，还将启动射座前移动作。锁模终止的位置如果调整不当，会产生锁模撞击声或曲轴反弹现象。通常锁模终止位置由高压锁模位置设定。

如果射出时或锁模完成后曲轴有弯曲现象，说明锁模终止位置太早，应将高压锁模位置值改小，或速度加快。锁模终止时如果产生较大的撞击声，或锁模信号无法终止，造成射出座所有动作停顿，应将高压锁模位置改大，或速度降慢。

【知识延伸】

1. 模具安装安全注意事项

进行模具安装时，须指定一人负责指挥，协调动作，所有人员应站立在安全位置，出现意外时便于躲闪。

当模具定位圈装入注塑机上定模板的定位孔后，应用极慢的速度合模，使动模板将模具轻轻压紧。

用模具压板（夹具）固定模具时，应对角旋紧紧固螺栓，螺栓旋紧时不要一次性旋紧，要分多次旋紧。

如遇特殊情况，必须将动、定模分开安装或拆卸的，须遵循以下规则：

① 动作应格外细致缓慢，确认无误后方可操作。

学习笔记

② 模具的吊装必须确保平稳，避免大幅甩动造成伤害。

③ 使用液压夹具的设备，动、定模分开安装或拆卸时，必须认清控制器上的动、定模控制按钮，防止出现误操作，禁止同时加压或卸压。

2. 龙门吊吊运模具注意事项

① 行车吊运模具行驶途中，模具离地面应该保持在30～40cm左右。

② 在吊运模具行走途中，不得拽拉控制开关缆绳，不得坐在模具上吊模行走。

③ 吊运模具行走时，应该眼睛注视着模具，选择比较开阔的路径行走。

④ 行车吊运模具时不得同时按两个按钮，若要进行下一步操作，则需等模具完全静止后再进行一下步。

⑤ 若要让模具上升或下降，应待模具完全静止后再上升或下降，上升或下降前要确认模具周围无其他人员，尤其注意模具底下千万不得有人。

⑥ 当模具到达相应位置时，也应先待模具完全静止后再往下或往上缓慢移动。为了使模具静止，必要情况下操作人员可用手去扶住模具，在扶模具时要注意几点：

a. 扶模具的位置不能是模具边缘，要确保手背和手臂后无物件；

b. 不得把手绕过机器去扶；

c. 扶模具时不能突然用太大的力，应该随它的惯性缓慢用力，直至它静止。一般情况下最好是不用手去扶模具。

⑦ 在模具从机器上面向机器里面或者从机器里面往上移动的时候，控制速度必须慢速；操作人员不得紧贴机器，手不得放在机器上。

⑧ 吊运模具前，应检查吊环与模具螺丝孔是否有滑牙。

⑨ 吊运模具应尽量让模具上下面与地面成水平状态。

3. 辅助部分的连接（水、电、气、油）注意事项

水、电、气、油路的连接要保证各个连接处的密封，防止发生泄漏现象，以免模具或注塑机锈蚀、污染。

水、电、气、油路的连接要注意进出管路形成回路，并保证整个回路畅通。

学习笔记

任务十二　塑件注塑调试

一、原料的准备

（1）原料的预检

① 检查所用原料是否正确（品种、规格、牌号等）。

② 外观检验（色泽、粒子大小及均匀性等）。

③ 工艺性能检验（熔融指数、热稳定性、含水率、灰分含量指标等）。

（2）干燥处理

根据原料情况，将需要去除水分的原料及其添加剂放入干燥机中进行干燥处理。

（3）配料

按照配料单进行配料，注意原材料添加顺序。

二、设备、模具的检查

① 检查注塑机水路、电路、油路、气路供给是否正常，如图 12-1 所示。

② 检查模具、辅机（如模温机、机械手等的相关水路、

学习笔记

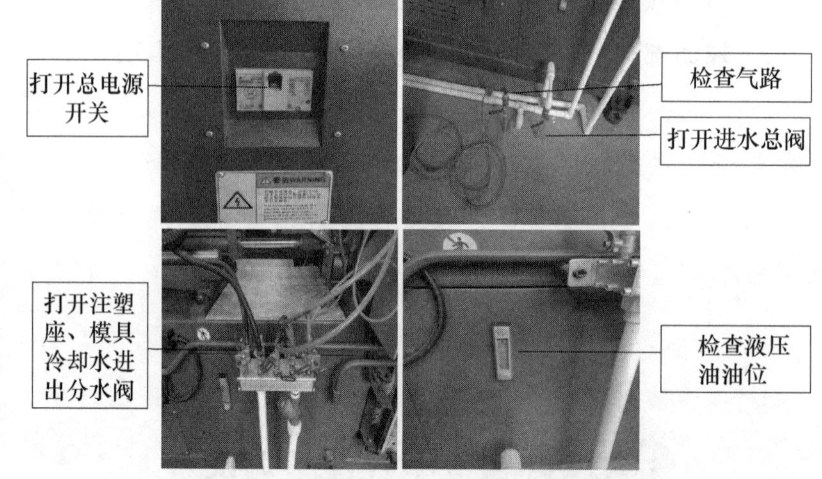

图 12-1　检查水路、电路、油路、气路

电路、油路、气路连接是否正常)。

a. 检查加料斗内是否有上一批生产残余的原材料，若有清理干净，如图 12-2 所示。

图 12-2　检查加料斗内是否有物料残余

b. 检查模具及主流道内是否有异物，若有用铜制工具清理干净。

c. 检查模具开模位置、开关模速度、开关模压力设置是否合理。

d. 检查模具高压锁模压力、位置是否正常，是否需要重新调模。

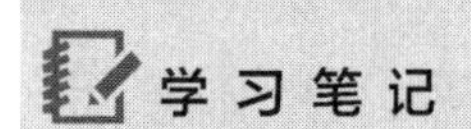

三、安全机构的检查

① 前安全门的检查。启动油泵，打开模具，打开前安全门，点动合模键，此时模具应处于静止状态；

② 后安全门的检查。启动油泵，打开后安全门后油泵停止，证明后安全门工作正常；

③ 急停按钮的检查。在注塑机油泵启动的情况下，按下急停按钮，设备应切断电源，停止工作，按钮旋起后可重新将设备电源接通；

④ 其他安全装置的检查。如人体红外安全感应装置、注塑喷嘴防护罩等。

四、注塑工艺参数的设置

(1) 温度参数的设置

包括料筒温度的设置、喷嘴温度的设置、模温机温度设置，温度设置好后点击加热启动按钮。温度参数设置界面如图 12-3 所示。

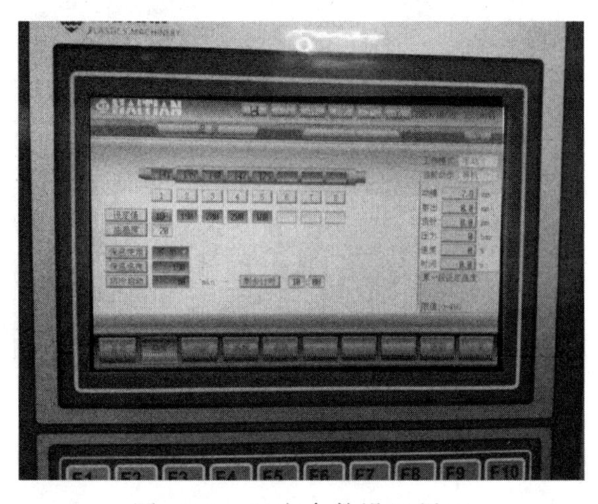

图 12-3　温度参数设置界面

学习笔记

（2）储料（熔胶）参数的设置

包括储料位置、储料压力、储料速度、背压、螺杆松退等参数，如图 12-4 所示。

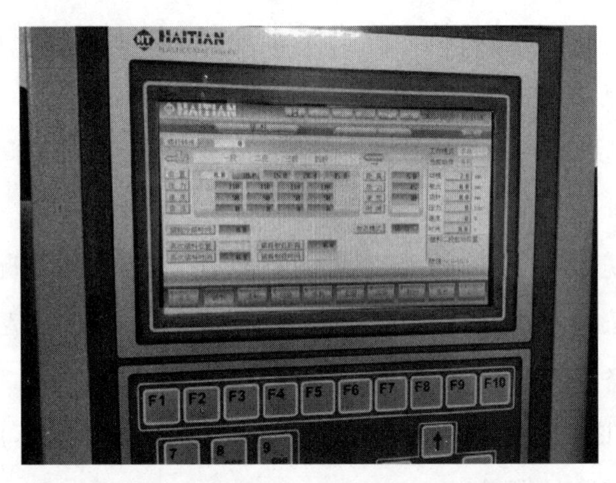

图 12-4 储料（熔胶）参数设置界面

（3）注塑参数、保压参数的设置

注塑参数主要包括注塑压力、注塑速度、注塑时间等；保压参数的设置主要包括保压压力、保压速度、保压时间等的设置，如图 12-5 所示。

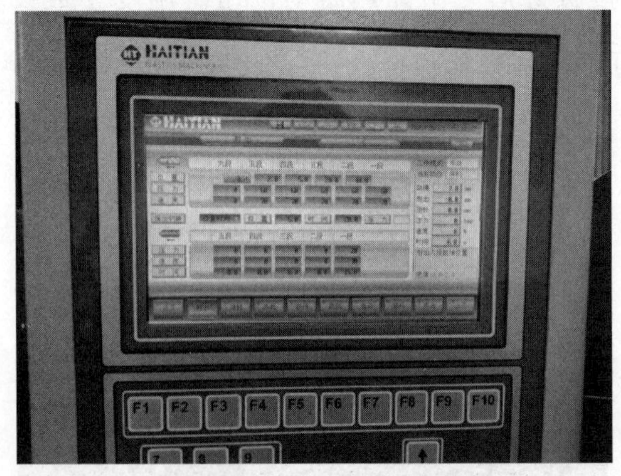

图 12-5 注塑参数、保压参数设置界面

（4）冷却时间的设置

冷却时间设置界面如图 12-6 所示。

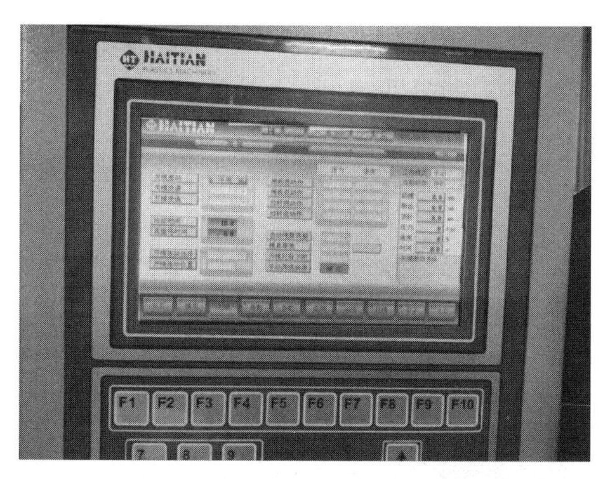

图 12-6 冷却时间设置界面

(5) 托模参数的设置

主要包括托模位置、托模速度、托模压力、托模方式、托模次数等，托模（顶针）参数设置界面如图 12-7 所示。

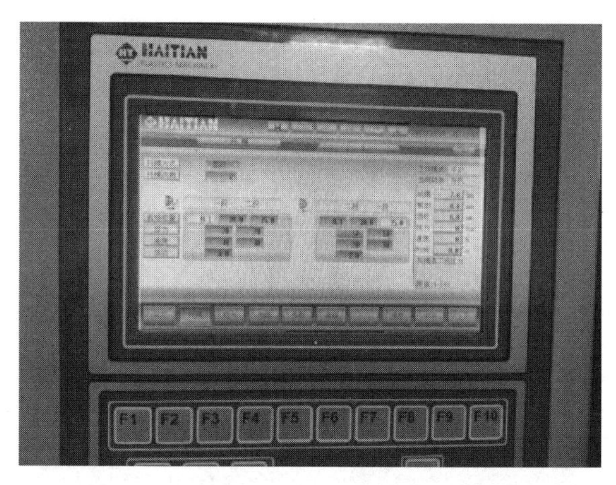

图 12-7 托模（顶针）参数设置界面

五、注塑参数调试

首先按照要求输入工艺参数，然后进行以下操作。

(1) 手动方式生产。

① 手动方式进行储料，然后对空注塑 2～3 次，一方面观察判断物料塑化是否良好，如图 12-8 和图 12-9 所示；另

学习笔记

一方面观察对空射出的物料是否夹杂有上一批次的物料，若无问题可继续进行调试生产。

图 12-8　物料塑化不良

图 12-9　物料塑化充分

② 手动方式试生产，先将模具锁紧，完成储料动作后注塑座前进，使喷嘴与浇口衬套贴紧，一直按住射出键直至注塑动作完成进入保压，完成保压后再将手放下，产品进入冷却，随后开模取出产品，通过外观、试样温度初步判断前面工艺参数设置是否合理，若无明显问题继续调试生产。

学习笔记

（2）调整参数，再试制

① 半自动调试生产。在喷嘴与浇口衬套贴紧的状态下，将半自动启动开关旋钮旋紧，启动半自动方式生产，如图12-10所示。

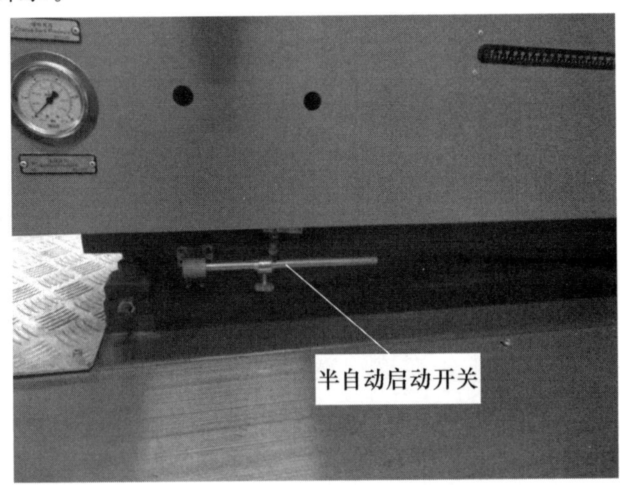

图 12-10　半自动启动开关旋钮

② 检查半自动方式生产产品质量，有质量问题则需重新调整相关工艺参数，直至生产出合格产品。

③ 半自动方式生产出合格产品后，若产品托模后能自动掉落脱离模具或通过机械手取样，可进行全自动试生产。

④ 记录半自动状态下产品的注塑工艺关键参数，形成产品注塑工艺指导书，并做好调试生产记录。

⑤ 调试生产结束，进入正式生产或者按照程序完成关机。

最后下模，清洗料筒，关机，进行操作现场整理（如工具归位、劳保用品归位、卫生清理）。

【知识延伸】

1. 温度参数

温度参数对产品质量的好坏至关重要。塑料类型不同，

学习笔记

注塑机料筒加热区段不同，加热的设置也不相同。鉴别料温设置是否合适，可以采用在低压低速下对空注塑并观察，适宜的料温应使喷出来的料刚劲有力、不带泡、不卷曲、光亮、连续。

2. 合模参数

（1）锁模力

锁模动作分三个阶段，锁模开始后快速移动模板，当模具即将闭合时，为了保护模具，将锁模压力降低，当模具完全闭合后，增加压力以达到预期的锁模力。

（2）模板移动速度

在开模动作开始阶段，要求移动缓慢。在开模中间阶段，动模板应快速移动，直到动模板在接近开模终止位置时才减慢速度，最后停止开模动作。

3. 储料（预塑、熔胶）参数

工艺注塑量的大小与预塑行程的精度有关。如果预塑行程调节太小，会造成注塑量不足，反之则会使料筒每次注塑后的余料太多，使熔体温度不均或过热分解。

4. 背压（塑化压力）

螺杆头部熔料在螺杆转动后退时所受到的压力称背压（或塑化压力），其大小可通过液压系统中的溢流阀来调节。通常情况下，背压不超过2MPa。

5. 螺杆后退（松退）

螺杆预塑到位后又后退一段距离，这个后退动作称防流涎，后退的距离称防涎量或防流涎行程。

6. 射出参数

射出参数主要包括注塑压力、注塑速度等。

注塑压力也称射出压力，是螺杆施于料筒中熔融料的压力，它用来克服已塑化好的熔融料从料筒中注入模具型腔过程中所遇到的一切阻力，使注塑制品有一定的密度。

注塑速度是指注塑机射出过程中熔融料的最大流速。射出速度的选择主要取决于模具结构、塑料的黏度、流动性、成型温度范围、冷却速度、模具的浇口尺寸、成型制品的壁厚和流程等。

7. 保压压力

保压是在模腔充满后对模内熔体进行压实、补缩的过程，该阶段的注塑压力称为保压压力。

8. 时间参数

时间参数是保证注塑成型产品质量的重要参数，它包括射出时间、冷却时间、保压时间、循环时间、锁模限时时间等。机型不同，时间参数设置也有所不同。

学习笔记

参考文献

[1] 田宝善，等．塑料注射模具设计技巧与实例（第二版）[M]．北京：化学工业出版社，2009.

[2] 王静，等．注射模具设计基础 [M]．北京：电子工业出版社，2013.

[3] 王爱阳．注塑模具设计 [M]．北京：化学工业出版社，2020.

[4] 王大中，等．注塑产品缺陷机理及解决方案 100 例 [M]．北京：印刷工业出版社，2015.

[5] 钟志雄．塑料注射成型技术 [M]．广州：广东科技出版社，2006.

[6] 王加龙，石文鹏．塑料注塑工 [M]．北京：化学工业出版社，2006.

[7] 刘西文．塑料注射机操作实训教程 [M]．北京：印刷工业出版社，2009.

[8] 梁明昌．注塑成型实用技术 [M]．沈阳：辽宁科学技术出版社，2010.

[9] 陈滨楠．塑料成型设备 [M]．北京：化学工业出版社，2007.

[10] 刘西文．塑料注射机操作实训教程 [M]．北京：印刷工业出版社，2009.

[11] 胡凡启．塑料注塑工 [M]．北京：中国水利水电出版社，2009.

[12] 王文广．注塑操作工（初、中级）[M]．广州：广东科技出版社，2008.